谭晓东 刘军 戴纯清◎主编

公共卫生大楼
建设与案例分析

GONGGONG
WEISHENG DALOU JIANSHE
YU ANLI FENXI

长江出版传媒 湖北科学技术出版社

图书在版编目（ＣＩＰ）数据

公共卫生大楼建设与案例分析 / 谭晓东，刘军，戴纯清
主编. -- 武汉 ：湖北科学技术出版社，2021.9（2021.12 重印）
ISBN 978-7-5352-9115-8

Ⅰ．①公… Ⅱ．①谭… ②刘… ③戴… Ⅲ．①防治中
心－建筑设计－案例－湖北 Ⅳ．①TU246.1

中国版本图书馆 CIP 数据核字(2021)第 195681 号

责任编辑：赵襄玲　袁瑞旌　　　　　　　　　　　封面设计：胡　博

出版发行：湖北科学技术出版社　　　　　　　　　电话：027-87679468

地　　　址：武汉市雄楚大街 268 号　　　　　　　邮编：430070

　　　　　　（湖北出版文化城 B 座 13-14 层）

网　　　址：http：//www.hbstp.com.cn

印　　刷：湖北新华印务有限公司　　　　　　　　邮编：430035

700×1000　　　　　　1/16　　　　　11.5 印张　　8 插页　　200 千字

2021 年 9 月第 1 版　　　　　　　　　　2021 年 12 月第 2 次印刷

定价：78.00 元

《公共卫生大楼建设与案例分析》
编　委　会

主编简介

    谭晓东　男，教授，博士研究生导师。现任武汉大学健康学院教授，曾任法国 Nancy 大学环境与公共卫生系研究员，国家突发公共卫生事件应急专家咨询委员会委员及所在领域多个重要学术期刊编委。从事卫生政策（健康管理）与健康教育知识的宣讲 30 余年，共发表科研文章 400 余篇，SCI 收录近 100 篇，主编专著近 20 本。多次获得省市科技进步奖、教学成果奖，获国家专利两项。近年来的著作有《健联体"黄陂模式"》《健康湖北 2030》等。

刘 军 男，1971 年出生，湖北宜昌人。1995 年于同济医科大学预防医学专业毕业后在原宜昌市卫生防疫站从事公共卫生、疾病预防控制工作。2004 年 1 月在宜昌市卫生健康委（原宜昌市卫生局）工作，先后任卫生监督科、疾控科（应急办、血防办）、体制改革科科长。2019 年 9 月任宜昌市疾病预防控制中心党委书记，2020 年 11 月任宜昌市疾病预防控制中心主任，2020 年 12 月任宜昌市卫生健康委员会副主任、宜昌市疾病预防控制中心主任。2016 年被市委市政府表彰为"互联网+分级诊疗"做出突出贡献的先进个人，记个人三等功 1 次。

　　戴纯清　男，1966 年 8 月出生，1991 年 7 月参加工作，中共党员，大学本科学历，学士学位，毕业于原武汉同济医科大学公共卫生学院预防医学专业，主任医师（专业技术二级），现任黄冈市卫健委副主任、黄冈市疾病预防控制中心主任。长期从事公共卫生工作，先后在黄冈市卫生防疫站、黄冈市卫生监督局、黄冈市卫生局、黄冈市中心医院、黄冈市疾病预防控制中心和黄冈市卫健委等单位工作，在国家和省学术刊物上发表论文多篇，主（参）编论著或编印实用专业资料多部，2009 年被卫生部评为"全国卫生应急工作先进个人"，2010 年被湖北省人民政府授予"全省应急工作先进个人"称号，为黄冈市 2003 年"非典"和 2020 年新冠肺炎疫情防控工作做出了积极贡献。

彩图 1 光谷科技会展中心方舱医院

彩图 2 北京火眼实验室外观（图片来源:《创新世界周刊》）

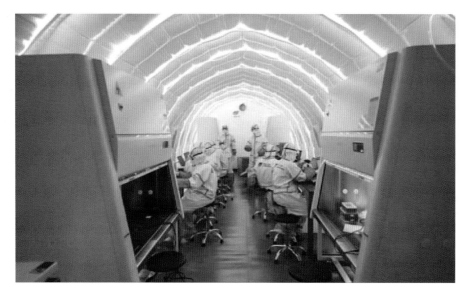

彩图3　北京火眼实验室内景(图片来源:《创新世界周刊》)

彩图4　湖北省赤壁市公共卫生中心综合业务楼(图片来源:赤壁市工程咨询设计集团有限公司)

彩图5　赤壁市公共卫生应急指挥中心和检验检测中心（图片来源：赤壁市工程咨询设计集团有限公司）

彩图6　宜昌市公共卫生中心鸟瞰图（图片来源：中南建筑设计院股份有限公司）

彩图 7　黄冈市疾控中心大楼鸟瞰图(图片来源:中工武大设计研究有限公司)

彩图 8　黄冈市生物安全实验室立面图

彩图9 宜昌市长阳土家族自治县疾控中心业务综合楼全景效果图
（图片来源：三峡大学（湖北）设计咨询研究院有限公司）

彩图10 宜昌市长阳土家族自治县疾控中心业务综合楼正面效果图
（图片来源：三峡大学（湖北）设计咨询研究院有限公司）

彩图 11　宜昌市兴山县文化卫生中心整体效果图

彩图 12　宜昌市兴山县疾控中心大楼项目效果图

彩图13　宜昌市枝江(市)疾病预防控制中心鸟瞰图(图片来源:华东建筑设计研究院有限公司)

彩图14　宜昌市枝江(市)疾病预防控制中心平视图(图片来源:华东建筑设计研究院有限公司)

彩图 15　黄冈市黄梅县疾控中心整体搬迁项目鸟瞰图
（图片来源:北京世纪千府国际工程设计有限公司）

彩图 16　黄冈市罗田县疾控中心及健康管理中心建设项目鸟瞰图
（图片来源:罗田县规划设计院）

彩图17　黄冈市罗田县疾控中心健康管理中心建设项目大楼设计的总体布局图
（图片来源：罗田县规划设计院）

彩图18　黄冈市蕲春县疾病预防控制中心效果图（图片来源：中工武大设计研究有限公司）

彩图 19 黄冈市浠水县疾病预防控制中心鸟瞰图
（图片来源：中南勘察设计院）

彩图 20 黄冈市浠水县疾病预防控制中心透视图
（图片来源：中南勘察设计院）

前　言

　　新型冠状病毒性肺炎（COVID-19）是有记载以来传播速度最快、感染范围最广、防控难度最大、影响范围最广的全球性大流行病，这场重大突发公共卫生事件对全世界都是一次严重危机和严峻考验。经过艰苦的奋斗历程，抗击新冠疫情取得了伟大的胜利。尽管战果丰硕，但是在抗击疫情的过程中暴露出了公共卫生领域的诸多问题。2020 年 5 月 24 日，习近平主席在参加十三届全国人大三次会议湖北代表团审议时强调，改革疾病预防控制体系，提升疫情监测预警和应急响应能力，健全重大疫情救治体系，完善公共卫生应急法律法规，深入开展爱国卫生运动，着力从体制机制层面理顺关系、强化责任。针对疫后公共卫生体系建设、补足短板的问题，湖北省政府也发布了相应的政策文件——《湖北省疫后重振补短板强功能公共卫生体系补短板工程三年行动实施方案（2020—2022 年）》（以下简称"行动方案"）。行动方案中明确提出，要加强疾病预防控制体系建设，而公共卫生大楼重建是其中最基础、最重要的一环。这份行动方案有力地加速了各级公共卫生机构对公共卫生大楼的调整甚至重建的进程。我们编写这本书主要是为了客观反映各级疾病预防控制中心（以下简称"疾控中心"）对公共卫生大楼重建工作开展的落实情况，深入了解疾控中心开展公共卫生大楼重建工作中的设计理念和优势特色，展现新冠疫情后湖北省内疾控中心的新姿势和新力量。

　　本书围绕着公共卫生大楼建设的基本理论和建设案例展开，详细介绍了黄冈市和宜昌市各级疾控中心的公共卫生大楼建设的设计理念和工程的具体落实现状。全书分为概况篇、建设案例与分析篇。《公共卫生大楼概况篇》包含了我国对于公共卫生大楼重建的时代背景和政策要求，公共卫生大楼的主要功能以及国内外具有典型特征的公共卫生大楼建设案例，例如美国疾控中心大楼和我国石家庄火眼实验室。《公共卫生大楼建设案例与分析篇》则是由宜昌市和黄冈市的各级疾控中心的专家根据本单位的公共卫生大楼建设案例来阐述,专家们结合了本市的实际情况,融入了当地的特色元素,构建了属于自己单位的评估体系,并且将本单位的建设经验推广到了其他的疾控中心单位,在相互交流和相互协作中取长补短,融会贯通。

从 2020 年 9 月起,武汉大学健康学院举办了《珞珈公众论坛——湖北省疾病防控与大健康研讨项目》的系列会议,在湖北省各级疾控中心的大力支持下,通过会议上的激烈讨论和交流学习,初步形成了书稿的理论基础部分。后来,黄冈市、宜昌市各级疾控中心充分挖掘、总结其在公共卫生大楼建设工作方面的优势、经验与教训,同我们联合编撰了这本《公共卫生大楼建设与案例分析》,系统而严谨地呈现了疾控中心在公共卫生大楼重建工作中的探索、实践与成果,如在抗击新冠疫情期间公共卫生大楼的作用等。此书是以湖北省公共卫生大楼重建的现实案例为依据,以发展壮大中国公共卫生实力的视角,深刻总结公共卫生的历史经验中的建筑设计相关因素。本书的出版,对未来疾控体系改革进行了专业的总结,通过发现潜在的问题以及取长补短,寻找到长治久安的对策,提出下一步公共卫生体系建设的思路和建议,描绘出中国公共卫生大楼建设的全新图景。

中国的公共卫生大楼建设是迄今为止尚未有先例的,本书以湖北公共卫生重建为契机,将湖北的一些案例汇集成册,也是首次以公共卫生大楼来命名的学术成果研讨,在编写此书的过程中,难免会有遗漏或不足之处,望同行们予以批评指正,以便今后的修正。最后要衷心感谢武汉大学公共卫生与健康学院"谭天说地"研究团队对本书的支持,尤其要感谢朱思蓉、陈叙宇、张玲、张龙江、孙超、杜小安等研究生的支持。

衷心感谢各个设计公司的支持,感谢赤壁市工程咨询设计集团有限公司、中工武大设计研究有限公司、罗田县规划设计院、中南勘察设计院、北京世纪千府国际工程设计有限公司、华东建筑设计研究院有限公司、三峡大学(湖北)设计咨询研究院有限公司、长宇(珠海)国际建筑设计有限公司以及中南建筑设计院股份有限公司等支持。

目　　录

公共卫生大楼概况篇

公共卫生大楼建设案例与分析篇

3

公共卫生大楼

概况篇

第一章 总　　论

第一节　中国抗击新冠肺炎疫情后的新形势

　　新型冠状病毒肺炎是近百年来人类遭遇的传播速度最快、感染范围最广、防控难度最大、影响范围最广的全球性大流行病,这场重大突发公共卫生事件对全世界都是一次严重危机和严峻考验。此次疫情裹挟突发性、破坏性、纵深性和高耗性等特征而来,对我国公共卫生体系的建设形成巨大冲击。与此同时,也对我国公共卫生体系现代化变革和治理能力提升提出了更高要求。随着人类疾病谱和死因结构发生转变,传统单一的生物医学模式已经不能覆盖所有医学健康问题,必须动员国家卫生保健能力和社会力量,公共卫生和健康促进目标才有可能实现。

一、时代背景

　　疫情发生后,我国党和政府高度重视,采取多种防控措施,有力救治,使疫情得到了有效控制。在以习近平同志为核心的党中央坚强领导下,我们坚持人民至上、生命至上,与时间赛跑,同病毒抗争,打响了一场气壮山河、感天动地的疫情防控人民战争、总体战、阻击战。武汉保卫战、湖北保卫战取得了决定性成果,统筹推进疫情防控和经济社会发展取得显著成效,为全国抗疫斗争取得重大战略成果,疫情防控和经济恢复走在世界前列,做出了湖北贡献,生动诠释了中国精神、中国力量、中国担当。

　　但是此次疫情的发展也暴露了一些问题,我国现有公共卫生救治及防控标准体系,特别是针对突发性传染病救治及防控工作仍然存在短板。

国家需要大力加强公共卫生应急管理标准化体系建设,切实解决公共卫生救治、防控领域系统性、基础性问题,随时能够应对突发事件,真正做到能防、能治、能控,守护人民群众的生命安全,更好地为国家和人民服务。

二、政策背景

2020 年 5 月 24 日,习近平主席在参加第十三届全国人大第三次会议湖北代表团审议时强调,防范化解重大疫情和突发公共卫生风险,事关国家安全和发展,事关社会政治大局稳定。要坚持整体谋划、系统重塑、全面提升,改革疾病预防控制体系,提升疫情监测预警和应急响应能力,健全重大疫情救治体系,完善公共卫生应急法律法规,深入开展爱国卫生运动,着力从体制机制层面理顺关系、强化责任。

针对疫后公共卫生体系建设、补足短板的问题,湖北省政府也发布了行动方案。行动方案中明确提出,要加强疾病预防控制体系建设,而公共卫生大楼重建是其中最基础最重要的一环。这份行动方案有力地加速了各级公共卫生机构对公共卫生大楼的调整甚至重建的进程。

三、公共卫生大楼的发展形势

(一) 公共卫生大楼的作用

公共卫生是关系到一国或一个地区人民健康的公共事业。公共卫生大楼是公卫人员实施工作行为最基础的载体之一,也是集《国家基本公共卫生项目服务技术规范》的 12 项服务内容于一体的卫生场所。这 12 项内容包括城乡居民健康档案管理、健康教育、预防接种、0～6 岁儿童健康管理、孕产妇健康管理、65 岁及以上老年人健康管理、高血压患者健康管理、2 型糖尿病患者健康管理、重性精神疾病患者管理、传染病及突发重大公共卫生事件报告和处理、卫生监督协管服务技术规范、中医药技术规范。良好的工作环境可以大大提高员工工作满意度,加速机构正向运作。

(二) 重要性及存在的问题

本章第二节中详细介绍了疾控的七大基本职能以及根据职能制定的分区,优秀的方案设计是建筑设计的基础。专业、合理、科学的布局有助

3

于提高建筑本身的使用性能,提高疾控人的工作效率,节省建筑总成本,进而推进公共卫生体系建设的步伐。

公共卫生大楼建设一直是公共卫生行业与建筑设计行业的薄弱环节之一,目前市面上很难找到具有可重复性的、借鉴意义的公共卫生大楼的案例。疫情发生后,为了更好地响应"加强疾病预防控制体系建设",大部分公共卫生机构急需内部体制调整乃至疾控大楼重建。就公共卫生大楼重建,以目前情况来说,机构基本上都在自行探索。由于经济水平及规划不一致,不同地区开展公共卫生大楼重建的步伐也不尽一致。部分机构走在前沿,已经开始重建大楼,营造了一个良好的开端。这部分已经开始建设的机构,率先积累有效经验;同时可以在建设中及时查找出问题与短板,寻找长治久安的对策,提出下一步公共卫生体系建设的思路和建议。"前车之鉴"意义重大,我们可以对这些经验进行专业的总结,甚至形成一本案例书籍,为尚未开始或者即将开始建设的机构提供具有借鉴意义的参考。这也是此书编写最主要的目的之一。

(谭晓东　陈叙宇)

第二节　抗疫后期的公共卫生大楼的建设分区的理论依据

一、疾病预防控制中心的七大基本职能

疾病预防控制中心(以下简称"疾控中心")是实施政府卫生防病职能的专业机构,集疾病监测和分析、预防与控制、检验与评价、应用科研与指导、技术管理与服务、综合防治与健康促进为一体,以预防和控制危险因素、疾病、伤害和失能,提高所辖区域人群健康水平和生命质量为目标。20世纪90年代末期,随着我国社会主义市场经济的确立和发展,改革开放的不断推进,疾控中心应运而生。疾控中心在原有卫生防疫站的基础上,结合各流行病防治站、性病防治中心、健康教育所、职业病防治院等医疗机构合并重组而成,担负着各类疾病的预防与控制工作。作为卫生服

务体系的一个重要组成部分,我国的疾病预防控制体系对人民健康水平的提高起到了显著的促进和保障作用。疾控中心有七大基本职能,分别是疾病预防与控制、突发公共卫生事件应急处置、疫情及健康相关因素信息管理、健康危害因素监测与干预、实验室检测检验与评价、健康教育与健康促进、技术管理与应用研究指导。

职能一:疾病预防与控制。主要任务是调查、分析和研究传染病、地方病、寄生虫病、慢性非传染病等疾病的发生、分布、流行和发展规律,开展流行病学监测和实验室检测,制定预防控制策略与措施,实施疾病预防控制工作规划和方案,预防和控制相关疾病的发生与流行。

职能二:突发公共卫生事件应急处置。主要任务是承担《突发公共卫生事件应急条例》及相关法律法规规定的任务,开展突发公共卫生事件、救灾防病的应急准备、监测报告、调查确认、预测预警、现场处置和效果评价。

职能三:疫情及健康相关因素信息管理。主要任务是建设、管理和维护公共卫生信息网络系统,通过大数据应用服务技术收集、报告、分析和评价疾病与健康危害因素等公共卫生信息,建立健全预测预警机制,为应急处置和疾病预防控制决策提供依据,为社会提供信息服务。

职能四:健康危害因素监测与控制。主要任务是开展食品、职业、环境、放射、学校等领域中影响人群生存及生命质量的危险因素的监测,提出干预策略,预防控制相关因素对人体健康的危害,减少食源性疾病、职业病、环境相关疾病、学生常见病和中毒事件的发生。

职能五:实验室检测分析与评价。主要任务是开展疾病和健康相关危害因素的生物、物理、化学因子的检测,进行传染病病原学分离鉴定、疾病危害因素实验室诊断、中毒事件的毒物分析与鉴定和毒理学评价,为突发公共卫生事件的应急处置、疾病和健康相关危害因素的预防控制及卫生监督执法等提供技术支持。

职能六:健康教育与健康促进。主要任务是开展健康教育、健康咨询、健康科普和健康促进工作,普及卫生防病知识,进行心理和行为干预。运用健康促进的策略,动员社会共同参与卫生防病工作,提高公众的健康意识和社会公德意识,帮助公众掌握自我保健与防护技能,减少疾病流行

5

和突发公共卫生事件造成的身心危害,提高生命与生活质量。

职能七:技术指导与应用研究。主要任务是拟定重点疾病及健康危害因素预防控制规划、预案和工作方案;对疾病预防控制工作进行技术指导、培训和考核;开展应用性研究;引进开发和推广应用新技术、新方法;承担技术仲裁,提供技术咨询;为国家制定公共卫生法律法规、政策、规划、项目等提供技术支撑和咨询建议。

二、设计理念以及建设分区

(一) 设计理念

公共卫生大楼是为了提高疾控中心对突发公共卫生事件的应急处理能力,对危害人民群众健康的有害因素的检测能力,对疾病预防控制及各种不明原因疾病的识别能力,对生物、化学及核恐怖等公共卫生事件的反应和处理能力。公共卫生是关系到一国或一个地区人民健康的公共事业,公共卫生大楼是公卫人员实施工作行为最基础的载体之一,而不是办公建筑加实验建筑的一种简单的叠合体,其设计应当本着"遵循地域条件""安全性""整体性""绿色建筑设计"原则,注重人流、物流、技术支持系统的合理配置,力求做到简朴化、实用化、人文化、协调化、信息化等,最终塑造出传统与创新兼容并蓄,共同发展的、符合 21 世纪新时代的疾控中心发展趋势的新型建筑。

疾控中心设计的理论框架由三部分组成,即医疗体系的构成、使用特征与内在机制分析、规划与建筑设计问题。在疾控中心的设计中,这三部分相辅相成,是不可分割的一个整体。医疗体系的构成造就了疾控中心这种新型机构的出现,使用特征与内在机制决定了这种机构的存在,而规划与建筑问题又受使用特征与内在机制制约,当有了一定的经验后,又反作用于医疗体系的完善与发展。这个过程是复杂而多变的,不同地区都会有不同的模式产生,本节仅提供一些分区的理论依据,各单位实际设计过程中应当因地制宜。

(二) 功能分区与布局

根据各级疾控功能设置与职能分布上侧重点的不同所形成的不同运

营模式,可以将疾控分为不同类型:应用实践型、基础服务型、综合研究型。我国长期以来对医疗机构预防保健职能的削弱,导致临床和疾病预防控制之间存在裂痕。如何在新时期内使临床与疾病预防控制有机地结合在一起,这是当今疾病预防控制建设的主要问题所在。新冠疫情之后,人们意识到了不断完善医防结合机制,从横向、纵向两个方面加强医防整合建设,形成医疗机构、疾控中心等各方面的联系与沟通系统的重要性。由此"结合型"模式得到重视,平战结合、医防结合,充分利用各自的特点,取长补短,发挥更大的作用。结合型疾控中心的建设不仅可以改善临床医学与预防医学的结合性差的缺点,而且为建设节省了大量的人力、物力和财力,节约了能源,提高了使用效率;有利于疾控中心的纵向发展,给疾病的预防和控制提供了良好的实践条件,也给突发事件应急体系提供了有力的保障,适于我国现今国情,是我国疾控中心继续高速发展的一个良好的切入点。

一般而言,公共卫生大楼至少应具备健康教育、预防接种、公共卫生临床控制、消杀、卫生应急保障、应急指挥、公共卫生检验与质控、健康教育与健康管理指导、健康大数据统计分析发布、职业健康中心等功能。"行动方案"要求加强疾病预防控制体系建设,每个市(州)至少有一个达到生物安全二级(P2)水平的实验室,具备传染病病原体、健康危险因素和国家卫生标准实施所需的检验检测能力。鼓励地方探索建设集临床、科研、教学于一体的公共卫生临床中心。

医疗建筑应以《医学建筑标准》为依据,从研究医疗机构整体关系入手,正确处理现状与发展、需要与可能的关系,结合城市建筑规划和卫生事业发展规划,合理确定医疗机构规划目标,有效地对建设用地进行控制,体现规划的系统性、滚动性与可持续发展,实现社会效益、经济效益与环境效益的统一。合理确定功能分区,科学地组织人流和物流,避免交叉感染。要围绕以人为中心,做到功能适用、流程科学、安全卫生、节约用地、布局合理,充分利用现有的资源和设施条件,处理好近期与远期规划的关系,为使用者提供良好的医疗环境。

1. 布局规划

公共卫生大楼布局方式通常可以分为"集中型"和"组团型"两种类型。

（1）"集中型"。主要适用于中小型疾控中心，基本把院区划分为两部分功能，一部分为后勤保障区，一部分为综合业务办公区。综合业务楼垂直布置，由下至上，地下室可设置后勤保障和应急储备区；一楼可设置公共服务区、预防门诊、体检、疾病初筛/采样、职能办公室等面向普通群众的区域；中部设置技术指导办公室、大型会议室、办公教学区域、样品接收室等；上部根据需要设不同级别生物检测实验室、休息室等；顶部设数据中心、信息安全保密中心等。不同楼层间用楼梯、电梯将它们相互联系，成为竖向的布局形式。此种类型布局紧凑，使用方便灵活，可以充分利用有限用地、降低密度，经济性较强。这种形式适用于一般规模级别的疾控中心，或用地紧张时，但采用这种形式布局难于改扩建，不适应持续发展。

（2）"组团型"。主要适用于大型疾控中心，布局特点是将疾控中心的各个功能部分单独设立，自成一区，互不干扰。此种布局形式适用于用地面积较为宽敞，大型综合性的疾控中心。区域内可以分为行政办公区、科研实验区和生活保障区，通过 3 个区的划分，形成 3 个各自独立的组团形态，各个组团虽然分离设置，但是在功能层面上分析有着必然的而且相对紧密的联系，所以在组团式的设计中，要做到"形散而神不散"，保持之间必然的连接和呼应。组团式布局呈多栋低层建筑彼此相互连接，并且在这些低层建筑的端部预留出可扩建的接口，以适应未来发展的需要。

在疾控中心建筑总体规划布局设计中不应拘泥于某一种类型，而是结合实际要求，根据用地特点，取长补短，不拘一格地选择适合本身现状和发展的布局形式。

2. 功能分区

在总体布局上，公共卫生大楼从功能上可以分为几个相对独立的区域：行政办公区、科研实验区和生活保障区，各区域设有单独出入口，便于独立分区管理。也可以把整个区域划分为清洁区和污染区。合理的功能分区是该设计的立足点，各功能区应当分区明确，便于区域安全管理和控制。同时应完善人防地下室、车库、电气、消防、暖通、污水处理、智能化工程及道路、景观绿化等相关配套设施。

（1）综合业务办公区。应满足疾控中心对外业务的要求：既方便外来人员就诊、办事，同时也应具备标志性和识别性。

（2）科研实验区。主要有实验区和科学研究区。实验区一般包括生物检验室、理化检测室、动物实验室等，各实验室尽量独立设置。科研实验区又按照实验研究的安全要求再相对分区规划，相对安全等级要求较高的建设项目，即生化研究实验区，包括传染病所、病毒病所、性病艾滋病防治中心、应急技术中心；放射研究区，包括辐射所的辐照楼、同位素楼，位于下风向并与相邻楼座间距为25m满足设计规范要求，按隔离级别分隔为独立管理区；动物实验房，应该位于研究实验区边缘，应该处于基地下风向。以减少对实验区环境污染。相对安全等级要求较低的建设项目，主要为公共卫生研究区，包括环境所、健康教育所、营养食品所、职业卫生所、改水中心等。科学研究区包括图书馆、培训中心、多功能报告厅等科研用房，宜位于生活区与实验区附近。图书信息馆和培训中心应当位于便于人流疏散和交通便捷的位置。

（3）后勤保障区。生活保障区主要有后勤保障区和生活区。后勤保障区主要提供各个部门的日常消耗品，为疾控中心供应各类物品及应急物资储备，回收各类污染物等。在总体规划设计中，结合生物安全实验室功能特点，在货运道路上单独设置与生化研究实验区各个实验楼，洁、污物出口相连的道路。不穿越实验楼主入口，以保证污染物的安全性运输要求。生活区包括专家公寓、研究生宿舍、招待所、食堂和体育活动场地等，要尽量与实验区以保持最远距离。以免发生各类感染。

各分区总体布局严格按实验安全及保安分区、分级设置。行政办公区、生活后勤配套区为开放区；科研实验区为封闭管理区。在道路设置上，应设有一级安全控制道路，即行政办公区、生活后勤配套区内道路；二级安全控制道路，主要是科研实验区内道路，直接通向各实验楼从用地各个出入口开始，到科研实验区的出入口。再到每个实验楼的出入口，车辆、人员出入都应由保安控制。

（三）通道设计

疾控中心用地范围内的主要交通流线有3类：人流、物流与车流。在总平面规划阶段，通道设计的基本原则就是要处理好这三者之间的关系，规划与安排合理简捷的通道，并尽可能缩短距离、降低密度和实现单向人流,做到人车分流、洁污分流,使各种交通各行其道,互不干扰。在公共卫生大楼内部通道设计的组织工作上,应当严格遵循人物分流,洁污分区的设计原则。人与物应当分别设计各自的通道,避免错乱。

人流主要出入口应当结合对外广场以及外部建筑,作为办公、实验及健康检查人流的交通方向。对应不同功能分区,设置办公、实验及健康检查区入口门厅,将人流合理区分往 3 个方向,做到有序、有质的引导作用。疾控中心的人流基本可以分为两类:外来人员和内部工作人员。外来人员和内部工作人员两股人流应该截然分开,避免交叉感染。同时,公共卫生大楼在规划设计中应尽量利用设计手段来控制场地内外来人流的活动区域,为外来人员设置单独的出入口,并且出入口位置应该明显易识别。此外,应当设置医务人员及业务员专用通道。此外,应当结合地下停车场及后勤区设置,配置合适的物流运输机械,实现物流存储的标准化、模数化、系列化以及物流运输的自动化、机械化、省力化,设置主要车流货流的出入方向。洁物、污物流线应当独立。对于邻近实验垃圾区、污染区及后勤库房应当设有专门的污物出口,避免洁污交叉,同时用地内设内部环线作为消防通道。

(张　玲)

第三节　公共卫生大楼设计原则

新时代公共卫生大楼的设计需要贯彻新发展理念要求,将协调、绿色、开放、共享等理念完美地融合到建设中去。同时,需要遵循市级疾控中心应急处理突发公共卫生事件、现代流调、实验室检测、大数据分析利用等重点职能提升来建设大楼的指导原则。

一、遵循地域条件原则

遵循地域条件原则是公共卫生大楼设计的首要原则。这里所说的地域条件包括以下方面:①首先需要考虑机构所处地域。由于我国南北方气候条件、地形地貌以及生活习惯的差异均较大,比如北方地区的气候由于具有冬季寒冷且持续时间久、全年降水量少、气候干燥等特点,在设计时主要考虑防寒保温效果;而南方地区全年气候湿润、降水量大、夏季炎热、冬季湿冷、雨季持续时间长,在设计时主要考虑通风隔热。此外,不同地区公共卫生大楼的规划用地的面积大小以及形状范围都不尽相同,需要结合当地实际情况,因地制宜,科学布局。②当地特殊建设规范的束缚。在实际操作中,即便是地理和气候较为相近的城市,建设规范都可能存在一定的差别。因此。在遵循统一的标准化原型的基础上,也需要酌情而异。

二、安全性原则

安全性原则是公共卫生大楼设计的最基本原则。所有建筑的基础都是保证其安全性。房屋建筑设计的安全性主要体现在房屋建筑中的防火、防震、防水等方面,要求房屋建筑设计师在设计中要充分了解房屋建筑所处的地形地势,实地勘察,科学规划。重视建筑物在细节上的处理方式,严格把控施工材料质量。严格按照相关设计标准开展设计工作,保持统筹兼顾的思想观念,抓住安全性的基本设计原则。

三、整体性原则

公共卫生大楼建筑设计需要遵从整体性原则。整体性可以从功能性、美观性、经济性等方面体现。

(一)功能性

功能性建立在以需求为导向的基础上。各公共卫生机构对大楼建筑的需求会因为机构各自的优势、短板以及当地实际情况(如当地"十四五"卫生规划中指出的机构重点工作方向)而有所调整。第二节中详细介绍了疾控中心的七大职能以及根据职能进行的分区,进一步印证了功能性需要以需求为导向。不同职能部门的工作内容有差异,对工作环境功能性的需求也会因为工作内容的差异而有所区别。与此同时,不同部门也存在共同点,在实际设计中,需要把握职能分区各自的工作特点及共性,对设计进行优化。

（二）美观性

在保证安全性前提下，可以考虑建筑美观要求。有设计感的建筑，在外形上会给人耳目一新的感觉。在现代化城市，单调的建筑不利于城市规划特色的表现，还可能对在其中的人员造成消极心理影响。若想实现公共卫生大楼建筑工程美观性的最大化，需在施工设计前期，将该建筑方案进行优化设计。首先，在前期开展设计作业时，需要运用市面上不同的施工材料将现代立体几何和建筑设计进行结合，如设计H形、L形等多样化的建筑形状风格，在视觉上给人们带来较大的美感体验。此外，设计单位需结合施工区域周边的环境进行工程设计，并保证其方案能够和周边的环境相融合，让其设计风格在和周围建筑物不雷同的情况下能够着重突出其自身的特色。

（三）经济性

在最初设计时，需要分析建筑物投资的合理性，控制好建筑物的经济合理性。实践中应该从经济性出发，综合考量土地使用效果以及材料、设备等的消耗量。采用设计要素模块化就能达到节省成本的效果。统一模数制可以统一协调不同的建筑物及各分部之间的尺寸，使得建筑物内部材料具有通用性及可互换性，大大方便了设计和施工等各个环节，加快设计速度，提高施工效率、缩减成本。此外，推行"少费多用"，在空间结构和材料应用上充分发挥创意，有效发挥面积的整体作用，深入挖掘三维空间的作用。

四、绿色建筑设计原则

绿色建筑也叫生态建筑，这一理念是在全球环境问题愈演愈烈的背景下发展而来的。建筑材料的生产过程中会消耗一次能源、产生大量二氧化碳，对环境的影响巨大，推行绿色建筑非常重要。绿色建筑设计原则包括以下三方面：再生设计原则、可修复性原则及被动生存性原则。

（一）再生设计原则

再生设计原则，指建筑中使用再生材料或可再生能源。包括建筑材料和可再生能源两方面。建筑工程容易产生大量固体垃圾，比如从前大量使用的黏土砖,污染程度高,处理此类垃圾要占用大量土地资源。建筑行业亟须向低能耗低污染的方向转型。对于能源消费,建议使用可再生能源(如太阳能、风能和地热能)替代矿物燃料。可再生能源用于建筑中的原因是它们是清洁的、可再生的,可将自然能源转化到建筑物能源应用中。

(二) 可修复性原则

可修复性原则是现在许多建筑的核心组成部分。修复架构优先于重建架构。

随着时代的发展,工作机构组织架构、生产方式和生活方式也发生了变化,这些变化催生了许多新的工作模式,员工和居民对于公共卫生大楼功能的个性化、多元化需求与日俱增。因此,建筑物设计需要有弹性,可以修复改造,在一定程度上适应这些变化和个性需求。部分建筑仍然具有使用价值,重建需花费大量金钱及精力,对周围居民造成噪声污染和环境污染。当建筑物的功能需要发生变化,工人只需改造需要改变的建筑空间,而不需要改变建筑物的整体结构。保证建筑的可修复性既能节省成本,又能减少建筑工人的工作量,并且能够大大减少对环境的污染。

(三) 被动生存性原则

被动生存性原则侧重点在于,即使整个建筑的能量系统崩溃或无法工作,建筑仍然可以运行。此原则包括三方面:一是保证自然通风。建筑不仅通过机械系统满足通风要求,还能利用门窗的科学组合、布局来获得新鲜空气;二是保证自然采光。绿色建筑尽可能多地依靠自然光源如吸收阳光等以满足采光要求,而非一味通过照明维持;三是能充分利用可再生能源,绿色建筑应该尽量使建筑内保持一定的恒温状态,夏季凉爽、冬季保暖。

(陈叙宇)

13

第二章　公共卫生大楼的主要功能

第一节　面向公众的健康教育
与健康管理功能

保障与享有健康已成为新时代中国人民向往美好生活的追求。健康教育是贯彻预防为主的卫生工作思路的重要方法,加强健康知识教育,提倡健康管理,让人民群众掌握并实践基本健康知识,就能将疾病控制在"源头"。健康馆的设立不仅有利于人民获取健康知识,还可以通过健康馆展示我国多年来医药卫生事业的发展历程。健康馆可从以下几个方面宣传普及健康知识:健康教育、疾病预防、饮食健康、环境与健康等。

一、健康馆定位

健康馆的定位:面向大众传播健康知识的科普展览馆,健康馆要突出以下特点。

(一)公益性

政府出资,向公众免费提供健康知识的普及、咨询服务。引导群众树立健康理念,形成科学、健康的生活行为方式,构建涵盖全社会的健康文化。

(二)权威性

健康科普知识、咨询服务应当权威、科学、准确。

(三) 参与性

观众可以通过亲身体验、相关测试,加深对健康教育相关知识和内容的理解和掌握。

二、布展工作目标

健康馆将采用展板、模型、动画、视频等形式,结合现代多媒体技术以及 3D 虚拟现实技术,以互动为主要辅助手段,向公众展示人类发育、疾病形成、慢病预防等健康知识,让公众体验生命的神奇与壮美、健康的重要性以及不良生活习惯的危害性,掌握保健与预防疾病的知识,从而提高整个社会的健康素养和疾病防治意识。

三、布展内容

布展做到健康科普内容展示与观众体验、参与有机结合。展区主要内容包括以下内容。

(一) 生命之旅

以“全生命周期”为主线,展示围绕一个人从受精卵到老年整个生命过程重点需要健康管理的时期。

1. 生命的诞生

(1) 精子卵子结合成受精卵再到着床的全过程(动画视频)。各种排卵期的测算方法:日历算法、基础体温法、白带分泌拉丝法、排卵试纸法等(图片展览)。

(2) 展示胎儿彩超图片。例如胎儿在子宫内发育的各个时期照片;胎儿在腹内的表情图;胎儿在腹内的如沉思、嬉笑、睡觉、吸吮手指、伸舌头、打哈欠、玩脐带等典型的表情动作;播放胎儿的胎心监测的录音。

(3) 母亲分娩过程。动画模拟母亲自然分娩过程,让参观者了解自然分娩的过程。图片展示如何计算预产期,让参观者熟悉如何计算预产期。

2. 孕妇保健知识

图片展示妊娠反应的典型表现、如何减少孕吐的措施等内容,使参观者了解妊娠反应;图片展示补钙、补叶酸的必要性,孕期缺钙、缺叶酸引起的不良后果,孕期营养处方,运动推荐,孕期感冒治疗原则。最后介绍常见的致畸药物和其他常见的致畸因素,提醒参观者孕期要避免接触致畸因素。

3. 婴幼儿—儿童期

展览以图文、多媒体等形式介绍婴幼儿—儿童期的解剖、生理、心理等功能表现出随着年龄增长的规律性。让参观者掌握科学育儿的知识。

婴幼儿—儿童期的生长发育规律展示:儿童生长发育规律(顺序规律、连续性与阶段性、不平衡性、生长关键期等)以及影响生长发育的重要因素如遗传因素、环境因素(营养、疾病、家庭和社会环境等)。

婴幼儿—儿童期体格生长指标:展示婴幼儿—儿童期各重要节点的体格生长常用指标(身高、体重、头围、胸围、上臂围、皮下脂肪等)及其正常值范围以及重要器官系统的发育情况(骨骼、牙齿、脑、运动功能、语言、心理等)。设置儿童体格生长指标测量体验区,使得参观的儿童能够现场测试相关的指标,了解自身的生长发育状况,增加趣味性。

科学育儿方法:以展板展示科学育儿的基本知识如科学喂养(母乳喂养的好处、辅食添加原则、膳食搭配推荐、如何培养良好的饮食习惯)、生活照料小知识、疾病防治小贴士、计划免疫时间表、发展教育、安全防护知识等。

4. 青春期

青春期是身体与智力发育,品格形成,认识能力提升的黄金时期。展览分可为"生理、心理"两部分内容,全面诠释青春期知识,以图片、文字、模型、动画等形式,解答青少年、家长、老师最关注、最想弄懂、具有普遍性的问题。帮助青少年们顺利、健康地度过青春期,帮助家长、老师更好地了解孩子,教育孩子。

青春期的生理和心理特点:以图片、动画展示青春期男女两性生理、心理变化,介绍如何应对青少年时期的生理心理困惑。

身体发育测试:通过参观者参与足弓足长测量、身高体重测量、心理量表测试等,让参观者了解青春期生理、心理变化。

5. 老年期

详细介绍人体衰老的相关知识,以图片、文字、视频动画等形式进行展示,让参观者了解老年期的身体形态、生理和心理变化。如何科学地延缓衰老过程,老年期有哪些健康的生活方式可以做到"老"而不"衰"。

老年人的生理、心理特点:以图片结合文字的形式展示老年人身体的不同器官组织(皮肤、眼睛、肝、肾、大脑、心、肺、肠道等)衰老的形态特征、功能变化及其衰老的时间表,老年人心理特点。设置体质指数秤:测试老年参观者的身高和体重,自动显示体重指数,让参观者了解自己是否在正常范围。

展示常见老年性疾病:以电子触摸屏的方式,参观者可以自行选择查看老年人常见的老年性疾病如阿尔茨海默病、帕金森病、老花眼、冠心病、高血压、糖尿病、骨质疏松、前列腺肥大等的临床症状以及预防措施。

科学防老知识展板:以图片形式展示长寿老人的长寿秘诀(主要介绍健康的饮食、合理的运动、平和的心态以及良好的居住环境);设置家庭药箱、老年人健康食谱、有害及不健康食物介绍、老年人膳食营养要求、老年人每日营养食谱。运动推荐:简单介绍适宜老年人的运动项目,让老年参观者了解正确运动养生之法。

(二)健康之路

先简介健康的定义,以致病因素为主线,展示生活中各种常见致病因素(环境、饮食、遗传、生物、心理、药品等),及其与疾病的关系以及各人体常见疾病的发生、发展过程,引导参观者形成健康的生活方式,沿着健康之路去经历美好的生活和幸福的人生。

健康定义:介绍健康和亚健康的概念、健康的四大基石以及健康的生活方式。

健康讲堂:录制健康素养、常见慢性病防治、传染病防治、妇幼保健等内容的专家讲课视频。引进关于高血压、糖尿病、合理膳食、优生优育、戒烟限酒等动画片,在健康馆内和微信公众号等社交媒体进行播放。让观众在潜移默化中接受和掌握疾病的防治知识和健康生活方式。

1. 环境与健康

空气污染对健康的影响:以图片介绍大气中的 PM2.5、装修后的甲醛、家庭烹饪油烟等常见空气污染物对人体的危害;播放动画详细展示

PM2.5的产生原因、危害、预防措施。让参观者树立尊重自然、保护环境的绿色理念,养成绿色出行、环保节约的良好生活风尚。

水污染对健康的影响:以图片案例介绍为主,展示由于水污染所引起的地方性氟中毒、日本痛痛病,日本水俣病的案例,警醒参观者要节约和保护水资源。

2. 食品安全对健康的影响

以文字结合图片案例为主,向参观者介绍食品安全的概念、食品安全对人体健康造成危害,误食事件、有毒食品介绍、重大食品安全事件(2008年三鹿"三聚氰胺"奶粉、2011年"塑化剂"事件、2011年"瘦肉精"事件)、食品添加剂介绍、农药残留的危害和处理等。

六大营养素介绍:参观者可通过触摸屏,查看蛋白质、脂肪、碳水化合物、矿物质、维生素、水等基本人体所需营养物质的作用、来源、建议摄入量;图片展示绿色食品的概念及标志。

饮食习惯与健康:图片结合文字展示相关慢性疾病与不良饮食习惯的案例介绍(高血压、高血脂、冠状动脉硬化、糖尿病、肥胖),动画视频播放食物从摄取到转化为脂肪以及脂肪在体内(如血管、腹部、肝脏等部位)沉积的过程,警醒参观者要养成良好的饮食习惯。

电子显示屏游戏:《中国居民平衡膳食宝塔》趣味拼图,指导人们正确均衡搭配食物,以保持健康饮食。

食品包装上的营养标签介绍,教育参观者少摄入高热量、高脂肪的食物。

3. 运动与健康

图文展示运动的益处、各项运动消耗能量表等。视频介绍不同人群的科学运动方法、有氧运动与无氧运动的区别、运动防护知识。

4. 遗传与健康

遗传的物质基础:模型展示DNA双螺旋结构、图文介绍亲子鉴定理论依据。图文展示遗传病的概念、类别(单基因遗传、多基因遗传、染色体异常),图文展示红绿色盲、血友病、白化病、唐氏综合征等常见遗传病相关资料及其预防措施;图文展示近亲结婚的危害,强化患者优生优育的意识;孕前检查:孕前检查项目一览表等,图文展示如何筛查、诊断、预防出生缺陷的相关知识。

5. 生物因素与健康

病原微生物:触摸点击显示屏,可查看常见的病原微生物(细菌、病毒等)和寄生虫(肠道蠕虫、血吸虫等)以及它们所引起的疾病(新冠肺炎、SARS、乙肝、结核病等)及其预防和治疗治措施。展示七步洗手法,加强参观者的卫生意识。

传染病:展示每个季节高发传染病的发病特点、传播方式以及预防和治疗措施;展示艾滋病目前的流行趋势与特点、传播途径、艾滋病的典型症状、治疗手段、预防措施,让参观者了解艾滋病危害性。

癌症:图文展示癌症的定义、发病机制、癌症易复发性以及癌症的家族聚集现象;介绍癌症早期的信号、癌症的危险因素、健康生活方式、癌症预防措施以及目前治疗癌症的主要方法。

6. 药品、毒品、保健品与健康

电子显示屏展示各种常见药物及其使用注意事项、常见药物不良反应、特殊人群(孕妇、儿童、老人、肝肾功能不良患者)使用药物时的注意事项;图文展示"海豹儿",让参观者认识到药物不良反应的危害性;图文展示如何阅读说明书:让参观者了解阅读说明书时应重点关注的问题。

图文展示毒品和概念、常见毒品类型、毒品的对身体的危害性,视频展示吸食毒品家破人亡的典型事例,警醒参观者远离毒品、珍爱生命。

展示保健品的概念、保健品的作用、识别保健品的方法,重点在于提醒参观者"保健品不是药品"。

7. 吸烟与健康

展示健康人的肺、吸烟人的肺标本,揭示吸烟的危害、吸二手烟的危害。图文介绍烟叶中的有害成分及其毒作用。

8. 酗酒与健康

展示患有肝癌、肝硬化等患者肝的标本或模型。播放酒从口腔到胃部,再到进入血液后对脑、肝、胃、股骨头等器官和组织的影响及伤害的视频;禁止酒驾的公益广告。

9. 基本医学知识和急救医学知识

图文结合视频展示生命体征体温、脉搏、呼吸和血压的正常值范围及其测量方法；展示水银体温计、汞式血压计、电子血压计；展示心肺复苏、止血包扎、烧伤处理、卡鱼刺的处理、骨折固定、搬运伤员等急救技术。

（张龙江）

第二节 基于管理层面的卫生应急指挥和应急保障功能

通过新冠疫情防控的实践经验来看，应对重大疫情和公共卫生事件，必须要有一个从上而下完整的防控体系，只有防控体系坚不可摧、面面俱到，应急指挥准确高效才能更加有效快速地应对重大突发公共卫生事件。在建设公共卫生大楼时必须要设计一个具备卫生应急指挥和应急保障功能的突发公共卫生事件应急指挥中心，这是贯彻落实党中央和国务院关于加强突发公共卫生事件应急体系和能力建设的有关精神，提高卫生应急的响应速度和决策指挥能力，有效预防、及时控制和消除突发公共卫生事件的危害，保障公众身体健康与生命安全，维护正常的社会秩序有力举措。

一、提升公共卫生应急指挥和应急保障能力的 3 个关键点

第一个关键点就是要集中统一。重大公共卫生突发事件涉及面广，需要多部门协调合作。构建统一领导、权责匹配、权威高效的公共卫生应急管理指挥中心是防控体系建设当中的核心。

第二个关键点就是要智慧化。应急指挥和应急保障要实现数字化、智能化，要建设多数据、全方位、广覆盖的公共卫生应急指挥系统，实现重大突发公共卫生事件大数据智慧决策，实现事件态势全面感知、统筹调度医疗卫生资源、重大信息统一对外发布、关键决策高效及时下达、多级组织协同联动、发展趋势智能预判等六大能力。

第三个关键点就是完善突发公共卫生事件应急响应制度和预案。制定完善的公共卫生事件应急响应制度,完善应急预案体系,根据当地可能发生突发公共卫生事件,制定不同级别和规模相应的应对处置方案。要充分发挥了专家在公共卫生突发事件处理中的作用,要建设一个专业化程度高、涉及多学科的公共卫生安全的专家库。

二、公共卫生应急指挥中心系统建设的基本原则

先进性:高标准选用应急指挥系统设备,应是当前市场的主流产品,在众多大型企业单位或政府机构有广泛的应用,技术领先、设备先进、质量可靠、性能价格比合理的设备。

可靠性:选用的设备均符合相应的国家标准或国际标准的产品,系统稳定可靠、拥有一定的抗灾害能力,要能够确保长时间正常运行。特别是在部分系统发生故障的情况下,也能不影响其他系统正常运行。

可扩展性:系统的设计中既要考虑未来发展升级需求,应具备可扩展性。

安全性:采用多种安全手段,确保设备、数据、系统安全,保证系统的抗干扰能力和抗破坏能力。

易操作性:系统应操作简单,易上手。

经济性:满足系统各种要求的前提下,尽可能确保系统建设及运行维护的经济节约。

三、突发公共卫生事件应急处理指挥系统平台

突发公共卫生事件应急指挥中心组成部分应包括指挥中心、现场设备和数据库三大部分。

(一) 指挥中心

指挥中心的功能主要有日常会议、远程视频会议、执行现场指挥、内网大数据分析、联合相关部门信息决策,预览视频监控,综合调度指挥等。

LED显示区:主要用于日常会议显示、多方会商视频会议、单兵现场指挥、执行应用数据显示、执行指挥平台联动等视频显示功能;要求能够

21

清晰显示各类视频信号图像。

辅助用房:包括工作人员办公区和值班室等。

操作席位:设计 5 个席位,配置电脑,可流畅使用投屏功能,同时操作席位可以实现 KVM 切换,调用控制机房内部业务数据服务器,能够实现一屏控制多主机,能配合领导对突发事件或日常事件做出迅速的决策指挥。

集中控制室:执行会议日常设备稳定控制,模式切换,声音灯光调节,LED 大屏控制,会议视频录播存储控制,采取开发统一控制平台,可设置权限,上下级管理,用户管理,账户密码登录等。

机房管理区:安装放置各类内部数据服务器,电脑主机,网络设备,监控解码,视频会议主机等设备。

(二)现场设备

市级卫生应急指挥中心现场设备应包括现场应急车辆和现场个人通讯装备。配备电子地图、数据通信、语音和视频通讯的现场车辆,可通过无线通信技术及时与指挥中心互联。工作人员背负发射前端设备、可在环境复杂的区域,将信号从各种现场(建筑物内、街道、广场等)传到后方的指挥车或者直接传到指挥中心在行进中,可以实现实时的语音、数据、图像通信等功能。

(三)数据库建设

卫生应急指挥中心需要的相关数据库包括:全市范围内社会经济、气候、地理信息数据库、公共卫生危险因素数据库,传染病疫情与人口死亡数据库,卫生机构、人员、设备、药品等应急资源数据库。

(四)建立健全应急保障体系,增强卫生应急储备能力

在应急资金方面,政府应加大对公共卫生的资金保障力度,设立多级公共卫生应急专项基金制度,同时应按应急工作的要求,保证应急设施设备、救治药品和医疗器械等物资储备,并建立起完善科学合理的应急物资储备,配送和调运机制。

(张龙江)

第三节　公共卫生的实验室检测和质量控制功能

一、实验室检测

（一）实验室检测的发展及意义

实验室检测是指在标准实验室里，按照相关规定、标准或个人定义准则进行的一系列检测。新冠疫情暴发以来，部分地区出现了实验室检测能力不足等问题，无法完全适应疫情防控需求。从客观上说，实验室建设存在很大的问题。以新型冠状病毒肺炎为代表的新兴烈性传染病在全球大流行，对人类的生命健康和安全、社会发展和秩序带来了极大的威胁和挑战。在这种紧急态势下，保护实验人员免受感染、防病原体泄露的高级生物安全实验室已经成为各国卫生系统中不可或缺的科技支撑平台，从传染病防治、病原作用机制研究到突发公共卫生事件应急处置、新药与疫苗研发的每一个环节都要用到它；从主观上说，实验室物资不足、人员操作规范等问题也较为明显。例如，美国疾病控制与预防中心的实验室由于遭受污染问题导致该机构未能迅速研发出新型冠状病毒的检测工具，从而导致全美新冠病毒检测工作的延迟。据报道，由于美国疾控中心生产试剂盒的实验室违反合理的生产规范，从而引发此后果。

无论是已知传染病还是新发传染病，在疾病暴发之际，救治病人和社会防控是当务之急，而实验室检测也是关键。一方面，通过微生物基因序列检测能够判断传染病病原体的生物学特征，以便采取积极应对措施；一方面，疾病诊断的鉴别并及时发现病人及无症状感染者。

2020年5月21日，国家发改委、卫健委和中医药局联合印发《公共卫生防控救治能力建设方案》，聚焦新冠肺炎疫情暴露出的重大疫情防控救治能力短板，明确强调防疫常态化下，需要全面改善疾控机构设施设备条件，建设配备具传染病病原体、健康危害因素和国家卫生标准实施所需的检验检测能力的实验室,实现每省至少有一个生物安全防护三级实验室 (P3),每个地级市至少有一个生物安全防护二级实验室(P2)。可见,经过新冠肺炎疫情之后,国家对实验室检测能力的要求更高,实验室建设迫在眉睫。目前,我国仅有 68 个 P3 实验室和 2 个 P4 实验室,集中于疾控与中科院系统下,相比于世界发达国家,我国的 P3 和 P4 实验室的数量有很大的差距。

(二)实验室等级分类

根据危险度等级,包括传染病原的传染性和危害性,国际上将生物实验室按照生物安全水平(biosafety level,BSL)分为 P1、P2、P3 和 P4 四个等级,即生物安全一级、二级(普通型和加强型)、三级、四级实验室。一级生物安全防护最低,四级最高。不同级别的生物安全实验室,对应的建筑物形式、负压参数、分区设置、仪器配置均不相同。有生物安全要求的实验室,应符合现行《生物安全实验室建筑技术规范》GB 50346、《实验室生物安全通用要求》GB 19489、《移动式实验室生物安全要求》GB 27421、《实验室设备生物安全性能评价技术规范》RB/T199、《病原微生物实验室生物安全通用准则》WS233 的有关规定。

1. 生物安全一级实验室

生物安全一级实验室适用于已经明确不会对人体立即造成任何疾病或是对于实验人员造成最小的危险。这类实验室主要用于处理较多种类的普通病原体以及对于非传染性的病菌与组织进行培养。一级屏障保障了实验操作者与被操作对象之间的隔离,包括生物安全柜和正压防护服等。

2. 生物安全二级实验室

生物安全二级实验室适用于能够引起人类或者动物疾病,但一般情况下对人、动物或者环境不构成严重危害,传播风险有限,实验室感染后很少引起严重疾病,并且具备有效治疗和预防措施的微生物的操作。以新型冠状病毒检测为例,生物安全二级实验室是进行新冠核酸检测的最低要求。

生物安全二级实验室主要由 4 部分组成,分别是 1 个主实验室、1 个一更缓冲间、1个二更缓冲间、1个洗涤室。考虑到洁净需求，还要同时设立洁净区、非洁净区。实验室工作人员要通过一更、二更缓冲间进入主实验室。实验物品要通过2个互锁式传递窗进入主实验室，且1个传递窗设立在主实验室与准备间之间，另1个传递窗设立在主实验室与洗涤间之间。这样，不仅避免实验物品受到污染，同时也能尽快对污染物进行处理。

P2实验室的设计要注意6个技术参数，即洁净度、换气次数、温度、相对湿度、噪声、照度。

3. 生物安全三级实验室

生物安全三级实验室适用于能够引起人类或者动物严重疾病，比较容易直接或间接在人与人、动物与人、动物与动物间传播的微生物的操作。

4. 生物安全四级实验室

生物安全四级实验室是目前人类所拥有生物安全等级最高的实验室，被誉为病毒学研究领域的"航空母舰"，专用于烈性传染病的研究，如埃博拉病毒等对人体具有高度危险性、但尚无预防和治疗方法的病毒。目前，全球公开拥有P4实验室的仅有法国、加拿大、德国、中国、澳大利亚、美国、英国、瑞典和南非等国。而武汉国家生物安全四级实验室作为中法新发传染病防治合作项目重要内容之一，采用类似法国里昂P4实验室"盒中盒"的设计理念。整个实验室呈悬挂式结构，共分为4层。从下往上，底层是污水处理和生命维持系统；第二层是核心实验室；第三层是过滤器系统；二层和三层之间的夹层是管道系统；最上一层是空调系统。

（三）实验室检测内容及方法

我国目前法定报告传染病为3类39种，其中甲类2种、乙类26种、丙类11种。甲类传染病（2种）为鼠疫和霍乱；乙类传染病（26种）包括有传染性非典型肺炎、艾滋病、病毒性肝炎、脊髓灰质炎、人感染高致病性禽流感、人感染H7N9禽流感、麻疹、肾综合征出血热、狂犬病、流行性乙型脑炎、登革热、炭疽、细菌性和阿米巴性痢疾、肺结核、伤寒和副伤寒、流行性脑脊髓膜炎、百日咳、白喉、新生儿破伤风、猩红热、布鲁菌病、淋病、梅毒、钩端螺旋体病、血吸虫病、疟疾。其中传染性非典型肺炎、炭疽中的肺炭疽采取甲类传染病的预防控制措施(甲类管理);丙类传染病(11 种)包括有流行性感冒(含甲型 H1N1 流感)、流行性腮腺炎、风疹、急性出血性结膜炎、麻风病、流行性和地方性斑疹伤寒、黑热病、棘球蚴病、丝虫病,除霍乱、细菌性和阿米巴性痢疾、伤寒和副伤寒以外的感染性腹泻病、手足口病。

1. 病毒基因组测序

基因组测序在传染病防控中起到非常重要的作用。通过对病毒全基因组高通量测序可以第一时间获取病毒的全部基因信息,解释病毒的来源、传播、变异演化等科学问题,为后续流行病学调查指明方向,为相关病例的追踪溯源提供重要依据。

2. 宏基因组测序

宏基因组测序是对人类样本或特定环境样本中的总核酸(DNA 或 RNA)进行高通量测序。通过对数据库的比对,可以获得感染病原菌的信息,检测新的和罕见的病原菌,特别是对未知病原菌的检测。当然,宏基因组检测方法也面临着诸多挑战,检测结果不够好,灵敏度受到宿主和其他微生物背景核酸的影响。

3. 靶向测序

靶向测序是利用超多重 PCR 技术检测样本中已知的病原微生物和耐药基因。与宏基因组测序相比,该方法成本低,灵敏度高,对低丰度病毒、耐药基因和突变的检测和分析过程简单。

(四) 致病菌溯源分析

国家致病菌识别网是基于我国致病菌分子分型技术和网络信息交流机制建立起来的监测体系,在传染病疫情处置和溯源分析中发挥着日益重要的作用。致病菌识别网网络实验室的建立,对于提高食源性致病菌溯源、病原学监测和传染病应急防控水平,保护人民群众身体健康都具有十分重要的意义。对了解致病菌的溯源、菌群结构和流行菌株谱系变化的方法包括有脉冲场凝胶电泳实验技术(pulsed-field gel electrophoresis,

PFGE)、PCR 核糖体分型和多位点序列分型(multilocus sequence typing,MLST)。其中,PFGE 应用较多,通常作为细菌分型的金标准;PCR 核糖体分型条件要求低,操作方便。但是两者都需要参考菌株,且无法进行实验室间的比较。MLST 是利用管家基因设计引物,得出每个菌株各位点的等位基因数值,构建系统树图进行聚类分析,无须参考菌株,可建立公共数据库进行实验室之间的比较,用于细菌群体遗传学及分子流行病学研究。

(五)传染病实验室监测

以实验室为基础的监测主要是指利用实验室方法对病原体或其他致病因素开展监测。比如,开展常规流感病毒监测。

二、实验室质量控制

实验室是专门从事检验和测试的实体,其工作的最终结果是实验报告。为了保证检测数据的准确性和可靠性,保证检测报告的质量,必须有一个质量控制过程,在质量控制的每个阶段都必须明确可能影响检测报告的因素。因此我们可以采取相应的措施对这些因素进行管理和控制,使过程处于受控状态。

(一)标准物质监控

实验室直接使用相应的认证标准物质或内标样品作为监测样品,定期或不定期将监控样品以比对样或密码样的形式,与样品检测以相同的流程和方法同时进行。检测结束后,由检测室将检测结果报告相关质控人员,或由检测人员自行安排样品检测,同时插入标准物质,验证检测结果的准确性

(二)人员比对

在合理的时间内,实验室检测人员采用相同的方法,对同一样品在同一台检测仪器上完成检测任务,比较检测结果的符合程度,确定检测人员操作能力的可比性和稳定性。实验室人员比对,比对项目尽量多,检测环节比较复杂,特别是手工操作步骤较多。检查员之间的操作应相互独立,以避免干扰。一般来说,实验室对新人员的监督频率高于正常人员,在组

织人员比对时,最好总是以经验丰富、稳定的检测人员报告的结果作为参考值。

(三)方法比对

方法比较是不同分析方法之间的比较试验,是指同一检测人员对同一样品采用不同的检测方法,对同一项目进行检测,比较测定结果的符合程度,确定可比性,以验证方法的可靠性。主要目的是评价不同测试方法的测试结果是否存在显著差异。在比较中,通常以标准方法获得的试验结果作为参考值,并使用其他试验方法的试验结果进行比较。不同方法检测结果的差异应满足评价要求,否则证明非标准方法不适用,或需要进一步修改和优化。

(四)仪器比对

仪器比对是指同一测试人员使用不同的仪器设备(包括相同或不同类型的仪器),用相同的检测方法对同一样品进行检测,比较测定结果的一致性,确定仪器性能的可比性。仪器比对的主要目的是评价不同检测仪器的性能差异(如灵敏度、精密度、抗干扰能力等)、测定结果的一致性以及存在的问题。所选择的测试项目和方法应适合并充分反映参与比较的仪器的性能。

(五)留样复测

留样复验是对同一样品在不同时间(或合理的时间间隔)进行再检验。通过前后两次测试结果的一致性比较,可以判断测试过程中是否存在问题,验证测试数据的可靠性和稳定性。如果两次试验结果均符合评价要求,则表明实验室的试验能力持续有效;如果不符合,则应分析原因,采取纠正措施,必要时应追溯以前的试验结果。实际上,留样复验可以看作是一种特殊的实验室内部比对,即不同时间的比对。复测时应注意留样性能指标的稳定性,即应有足够的数据显示或专家评价来表明留样是稳定的。

(六)空白测试

空白试验是指在不加试验样品的情况下,用相同的方法和步骤进行定量分析的过程。空白试验的结果称为空白试验值。空白值一般反映测试系统的背景,包括测试仪器的噪声、试剂中的杂质、环境和操作过程中的污染对样品的综合影响。它直接关系到最终检测结果的准确性,可以从样品的分析结果中扣除。该方法可有效地减少因试剂不纯或试剂干扰引起的系统误差。

(七) 重复测试

重复测试即重复性试验,也称为平行样测试,指的是在重复性条件下进行的两次或多次测试。重复性条件指的是在同一实验室,由同一检测人员使用相同的设备,按相同的测试方法,在短时间内对同一被测对象相互独立进行检测的测试条件。

(八) 回收率试验

回收率试验是将已知质量或浓度的被测物质加入被测样品中作为测定对象,用给定方法测定,并将测定结果与已知质量或浓度进行比较的一系列操作,以及计算上述被测物质的分析结果的增量占所添加的已知量的百分比。计算出的百分比称为该方法中物质的"回收率"。一般来说,回收率越接近 100%,定量分析结果的准确度就越高。因此,可以用回收率来评价定量分析结果的准确性。

(九) 校准曲线的核查

校准曲线是用来描述被测物质的浓度或量与检测仪器的相应或指示值之间的定量关系。标准溶液按常规样品检测程序进行简化或同一分析时,校准曲线称为标准曲线和工作曲线。为了保证校准曲线始终具有良好的精度和准确度,有必要采取相应的方法进行验证。精密度的验证通常在校准曲线上的低、中、高浓度点进行。准确度的验证通常由标准加入回收率试验来控制。

(十) 质量控制图

为控制检测结果的精密度和准确度,通常需要在检测过程中,持续地使用监控样品进行检测控制。对积累的监控数据进行统计分析,通过计算平均值,极差,标准差等统计量,按照质量控制图的制作程序,确定中心线,上、下控制线,以及上、下辅助线和上、下警戒线,从而绘制出分析用控制图。通过分析用控制图,判断测量过程处于稳定或控制状态后,就可以将分析用控制图转换为控制用控制图,并将日常测定的控制数据描点上去,判断是否存在系统变异或趋势。

(杜小安)

第四节　面向全人群的疫苗的运输、储存和预防接种功能

公共卫生大楼应具备面向全人群的疫苗的运输、储存和预防接种功能。可建设一个疫苗冷库、一个预防接种门诊,用于储存疫苗和接种疫苗。

一、疫苗冷库

应配备有专业的从事疫苗管理的相关技术人员,专职负责疫苗管理;冷库应配置智能化、高稳定性的储存疫苗、运输疫苗的设施设备;要建立完善的疫苗储存、运输管理制度,做好疫苗的储存、运输工作。具体要求如下:

疫苗接收:疫苗中心在接收或购买疫苗时,应当索取和检查疫苗生产企业、疫苗批发企业提供相关规定的证明文件及资料。接收入库时应核对疫苗运输的设备、时间、温度记录有无异常,对疫苗种类、剂型、批准文号、数量、规格、批号、有效期、供货单位、生产厂商等内容进行严格验收,做好详细登记。符合规定的疫苗,方可接收。

疫苗储存:疫苗中心对验收通过的疫苗,应按照疫苗储存温度要求储存在相应温度的冷藏设施设备中,并按疫苗种类、生产批号分类摆放。疫苗中心应严格按照先产先出、先进先出、近效期先出的原则进行供应或分发疫苗。疫苗中心应每日定时对储存的疫苗、储存温度进行检查并记录,发现质量异常的疫苗,应当立即停止供应、分发,并通知接种单位停止接种,并立即报告所在地的卫生行政部门和食品药品监督管理部门,不得擅

自处理。因自然灾害等原因造成储存的疫苗过期、失效时，应集中按照《医疗废物管理条例》的规定进行处置。疫苗的收货、验收、在库检查等记录应保存至超过疫苗有效期 2 年以供备查。疫苗中心必须按照《中华人民共和国药典》(2020 年版)、《预防接种工作规范》等有关疫苗储存的温度要求，做好疫苗的储存工作。对未收入药典的疫苗，按照疫苗使用说明书储存。

(一) 疫苗库房的要求

(1) 有保持药品与地面间距离在 10cm 以上的底垫及货架。底垫及货架的材质应选用金属、木质或复合型材料等，具备相应的结构强度，不得对药品质量产生直接或潜在的影响。

(2) 存储整包装药品的库房，应采取避免日光直射的措施，储存条件规定为密闭、遮光的拆零药品储存区，应采取有效的避自然光线措施。

(3) 仓库应配备必要的通风设备，窗户应有防护窗纱，排风扇应配置防护百叶。

(4) 冷库应配有自动监测、调控、显示、记录温度状况以及报警的设备，备用发电机组或安装双路电路，备用制冷机组。

(5) 应配置能有效调节控制库房温湿度条件的设备。

(6) 应有防尘、防潮、防霉、防污染及防虫、防鸟、防鼠等设备。可采用电猫、挡板、粘鼠板、鼠夹等防鼠工具及纱窗、门帘、灭蝇灯、吸尘器、吸湿机等措施。

(7) 应有符合安全用电要求的照明设备，电线应有套管并不得裸露，照明灯具应配置灯罩，储存危险药品的库房应安装防爆灯。

(8) 配备符合规定要求的消防、安全设施。

(二) 疫苗冷库应按以下要求对储存疫苗的温度进行监测和记录

(1) 对储存疫苗的普通冷库、低温冷库应配置自动温度记录仪进行温度监测。

(2) 对于冰箱(包括普通冰箱、冰衬冰箱、低温冰箱)进行温度监测宜采用温度计。温度计放置在普通冰箱冷藏室及冷冻室的中间，冰衬冰箱的底部及接近顶盖处，低温冰箱的中间位置。每天上午和下午各进行一次温度记录。

（3）冷藏设施设备温度超出疫苗储存要求时，应采取相应紧急措施并及时上报、评估影响。

二、疫苗运输

疫苗中心应对运输过程中的疫苗进行温度监测并记录。记录内容包括疫苗名称、生产企业、供货（发送）单位、数量、批号及有效期、启运和到达时间、启运和到达时的疫苗储存温度和环境温度、运输过程中的温度变化、运输工具名称和接送疫苗人员签名。用于疫苗运输的冷藏车应能自动调控、显示和记录温度状况。

三、预防接种门诊基本标准

（一）选址

接种门诊原则上应设置在一楼或二楼清洁区，如设置在三楼及以上须配备电梯。

（二）分区和布局

根据预防接种工作实际需要和人口发展趋势规划接种门诊面积。接种门诊应分为候种区、预检及登记区、接种区、留观区，按照候种→预检→登记→接种→留观的先后顺序布局，确保受种者单向行进，避免交叉往返。区域间应分隔清晰、导向标识明显，为受种者提供方便。

接种区应由2个及以上接种单元组成。接种单元是1名接种工作人员进行接种服务的工作区域，单个面积应不小于5m²，其中包括接种台、桌面冰箱、电脑及其他必需设施和设备，接种单元间应具有一定的私密性以减少噪音和保护隐私。

接种单元的数量应根据该接种门诊所承担的预防接种工作量确定，须保证接种安全，能满足最大工作负荷需要，且接种工作人员平均接种量不得超过25剂次/h，受种者接种前等候时间不超过30分钟；如超出上述限制，应增加接种单元数量或延长服务时间。

候种区、预检及登记区、留观区、冷链区的面积应满足安全接种和接种服务管理工作的需要,并与接种区面积相适应。候种、预检及登记区合计不少于 25m²,留观区不少于 20m²,冷链区不少于 10m²,接种量大于 100 人次/d 的应按比例扩大。留观区原则上应与候种区分开,场地受限制时可将两者安排在同一区域,但必须设置显著标识以便区分,确保留观受种者管理安全、有序。

（三）硬件配置

基本设施设备:登记台、接种台、空调、洗手设备、消毒设备、紫外线消毒灯等。

冷链设备:医用冷藏冰箱、医用低温冰箱、后补式冷库、桌面冰箱和冷藏箱包等。冷链设备应分别配备专用接地插座,不得与其他设备或电器共用。后补式冷库、医用冷藏冰箱、医用低温冰箱应配置温度自动监测报警系统。

信息化设施设备:电脑、条码扫描器、身份证读卡器、打印机等设备。稳定的网络,确保数据的及时上传与下载。接种门诊应配备数字化门诊系统,方便受种者排队等候、留观提醒等。

健康宣教设施设备:候种区和或留观区应配备视频播放设备,用于宣传普及预防接种政策和相关知识。

（四）药品、药械等耗材

包括 75% 乙醇、无菌干棉球或棉签镊子、棉球杯、推车、治疗盘、体温计、听诊器、压舌板、血压计、污物桶、安全盒等。接种门诊必须备有 1:1000 肾上腺素等急救药品和器械。

（五）服务时间

按照预防接种工作规范和接种服务工作量确定服务天数,每天服务时间应不少于 2.5 小时。接种门诊每周至少服务 2 天,其中 1 天应安排在双休日。卡介苗接种门诊每周至少服务 2 天。犬伤处置门诊 24 小时提供服务。

（六）信息公示

预防接种门诊应设置明显的接种门诊指示标识,标明接种门诊类型、具体位置以及服务时间。

接种门诊应在醒目处公示疫苗种类和接种程序、接种流程、接种方法、疫苗作用、接种禁忌、可能出现的接种不良反应、接种前后的注意事项、预防接种相关政策和规章制度等，公示二类疫苗预防接种服务价格等信息。

（七）温馨化服务要求

接种门诊环境应整洁卫生、营造温馨的接种氛围。室内应宽敞明亮，可结合实际配备儿童玩具或专设儿童活动场所。

（张龙江）

第五节 消毒和灭菌功能

一、消毒和灭菌的概念及区别

传染病疫情暴发后，为强化防控措施，巩固防控成果，对公共场所的环境卫生开展消毒杀菌工作在切断传播途径、保护易感人群方面能够起到十分重要的作用。疾控相关部门应该积极反应并采取相应措施手段，做好城市各大公共场所的消杀防控工作，防止疫情反弹。

消毒是指对病原微生物繁殖的致死作用，但不能杀灭孢子等所有微生物，因此消毒不彻底。所有用于消毒的化学物质都称为消毒剂，人们通常称消毒剂为化学消毒剂。消毒主要有 3 个目的：一是为了防止病原体在社会中散播，防止流行病的发生；二是为了防止病人之间出现交叉感染的情况；三是为了保护医护人员避免被传染。灭菌是指杀死物体中所有活微生物（包括孢子）的功能。它是利用强烈的理化因素，使任何物体内外的所有微生物永远丧失生长和繁殖能力的一种手段。灭菌使用的方法有射线灭菌，湿热灭菌，干热灭菌和过滤除菌等，并且需要根据不同的效果来采用不同的灭菌方法。

二、消毒灭菌的应用

(一) 消毒方式分类

1. 预防性消毒

在没有发现明确传染源的情况下,对可能被传染病病原体污染的场所和物品进行消毒。对于重大传染病疫情而言,公共场所(如医院、学校、市场、社区、公共厕所、环卫设施等重点区域)和居家预防性消毒工作是十分重要且必要的。城管、卫健、市场等多部门联合开展城市消毒工作。例如,新型冠状病毒肺炎疫情暴发以来,国务院联防联控机制发布《关于印发进口冷链食品预防性全面消毒工作方案的通知》指出,在不改变各地现有总体防控安排的前提下,根据进口冷链食品的物流特点,在按要求完成新冠病毒检测采样工作后,分别在口岸查验、交通运输、掏箱入库、批发零售等环节,首次与境内工作人员接触前实施预防性消毒处理。卫生健康部门负责汇总分析进口冷链食品新冠病毒核酸检测结果,开展对预防性全面消毒措施的指导评估和检查。

2. 疫源地消毒

对现有或曾经有传染源存在的场所进行消毒。可分为随时消毒和终末消毒。随时消毒是指当传染源还在疫源地时,对其排泄物、分泌物、被污染的物品及场所进行的及时消毒;终末消毒是当传染源痊愈、死亡或离开后对疫源地进行的彻底消毒。只有对外界抵抗力较强的病原体引起的传染病才需要进行终末消毒。现场终末消毒处置原则参照《疫源地消毒总则》(GB 19193—2015)、《消毒技术规范》(2002 年版)等有关规定执行。

(二) 消毒剂分类

依据杀灭微生物的能力可以将消毒剂分为 3 类:低效消毒剂、中效消毒剂和高效消毒剂。低效消毒剂可杀灭大多数细菌繁殖体与一些种类的病毒和真菌(不包括结核杆菌、细菌芽孢和亲水病毒)。例如,季铵盐类、双胍类。中效消毒剂可杀灭细菌繁殖体(包括结核杆菌),大多数种类的病毒与真菌(不包括细菌芽孢)。例如,醇类、酚类、含碘消毒剂。高效消毒剂可杀灭所有种类微生物,包括细菌繁殖体、细菌芽孢、真菌、结核杆菌、亲水病毒和亲脂病毒。例如,戊二醛、二氧化氯、过氧乙酸、环氧乙烷等。

(三)消毒剂的选择

消毒剂种类繁多,性质不一,应根据实际情况选择合适的消毒剂。在选择消毒剂时至少应考虑以下几点。

1. 生物负载及种类

在进行消毒之前需明确消毒区域原生物负荷及微生物种类,如是否存在芽孢、霉菌等。

2. 目标效果

需要明确控制微生物的程度,维持现有微生物水平还是抑制一段时间内的生长,或是显著减少微生物的数量甚至杀灭。

3. 浓度

针对不同消毒剂应选择能达到目标效果的适宜浓度,其使用方法及接触时间会影响消毒的最终效果。

4. 接触物品材质

考虑接触物品材质的兼容性是因为消毒剂接触的材质可能会与其发生反应。而且反复使用会对设备表面产生腐蚀性,因此还应考虑接触材质的耐受程度。

5. 消毒剂残留

大多数消毒剂在使用过后会在消毒材质表面留下残留,因此明确应用范围来选择是否可接受消毒剂残留。还应考虑若有残留,应如何去除消毒剂残留;若轮换使用消毒剂,不同种类消毒剂的化学兼容性。

6. 保质期

应考虑消毒剂的光敏性,使用浓缩液和稀释液的不同效期规定。稀释液的有效期一般由验证所得,其稳定性与浓缩液不同,应该考虑满足使用需求。

7. 安全性

所有消毒剂都应该有 MSDS,评估对接触人员的可能影响及可采取的防护措施。

（四）供应商

应考虑选择有资质且有能力支持消毒剂效力验证实际能在使用方落地的品牌供应商。

（五）消毒剂的使用

在消毒剂的使用过程中，人员的培训以及消毒剂的使用是否规范和安全对其应用有很大的影响。接触消毒剂的人员应接受微生物、清洁和灭菌操作、消毒剂的制备/使用/安全处理、废物稀释和消毒剂浓度等方面的培训。正确配制消毒剂是关键。许多消毒效果差或失败的案例都是由于消毒剂的过度稀释造成的。此外，无菌操作过程中使用的消毒剂必须用无菌水稀释。稀释水一般推荐使用纯化水和更高级别的水，因为水的硬度会影响一些消毒剂的效果。此外，在处理可能产生有毒、刺激性气体，腐蚀性强，浓度高的消毒剂（如杀孢子剂）时，应配备相应的安全防护用品，如安全眼镜、异味过滤面罩、手套、防护服等。在消毒剂的使用同时应考虑清洁剂的配合使用，清洗是去除表面颗粒和微生物，去除残留物，提高后续消毒效果。因此，清洗是为后续消毒做准备，避免两种消毒剂的相互作用。

（六）消毒工作流程

1. 现场消毒工作

（1）消毒准备。为了保证消毒任务顺利完成，在正式开展消毒之前，首先要做好消毒准备工作。主要分为两大部分：一是消毒工作人员做好一级防护准备，根据不同消毒需求配置相对的消毒溶液，并装入气溶胶喷雾容器中；二是工作人员到达现场后，采取二级防护，穿戴工作衣、隔离防护装备、安全胶鞋、防护口罩、防护帽、眼镜和乳胶手套等安全隔离装备。

（2）消毒前采样。工作人员到达现场之后，需使用 1000mg/L 浓度的84 消毒液作用于地面墙壁等周边环境，开通出一条安全通道，用于消毒前采样，然后利用测绘工具尽可能精确地勘测出拟消毒区域的体积，对其开始空气采样和物体表面采样。

空气采样时，先将采样环境设置为全密闭环境，10 分钟过后，工作人

37

员将无菌琼脂板水平敞开静置于空气中,然后盖好板盖,并做上记号及时送检。

物体表面采样时,先将患者频繁接触或多次接触的物品通过棉拭子放在规格板上面进行多次采样,再将样品放于试管中,及时送检。

(3)消毒过程。进入消毒区域正式开展消毒工作,按照从外到内、从上到下、从左到右的顺序,使用1000mg/L浓度的84消毒液作用30分钟以上,依次对每个角落进行全面性地消毒。

(4)消毒后采样。消毒工作完毕后,在规定时间内,再次对空气和物体表面进行采样。现场消毒结束之后,工作人员的隔离防护装备等均需要进行消毒,确保消毒完全以后再脱卸下来。最后,工作人员规范填写现场任务及记录。

(5)消毒效果评价。消毒前后采样的检验结果进行对比,以验证评价对消毒区域进行消毒的效果,得出效果检验结论。

消毒工作流程见图2-1。

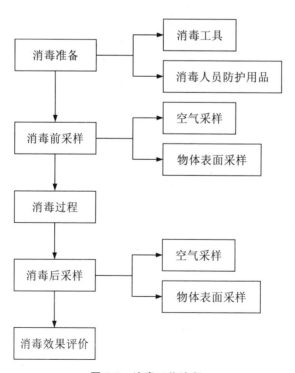

图 2-1 消毒工作流程

2. 宣传并指导

为了更高效、更安全地开展消毒工作,让普通民众了解并掌握消毒预防的知识,卫生健康部门专门组织相关专业人士面向普通大众进行消毒知识及技术的专题宣传讲座。

(1)房间消毒。消毒前应该准备好手套、口罩、防水围裙等,并到正规药店购买资质齐全且在有效期内的消毒产品。建议房间通风换气每天不少于 2 次,每次 15～20 分钟;拖地每天至少湿拖 1～2 次;经常接触的物体表面,如门把手、桌椅等每天至少消毒一次,可使用 250～500mg/L 含氯消毒液或 100mg/L 二氧化氯消毒液擦拭消毒,作用 15～30 分钟。

(2)餐具消毒。使用煮沸或蒸汽消毒,至少持续 15 分钟。餐具消毒后要存放在清洁密封的容器内,以免再次污染。

(3)卫生间消毒。洗手池、便池等每天至少清洗并消毒 1 次,可用 500mg/L 含氯消毒液浸泡消毒,作用 30～60 分钟。不要混用抹布,不同的场所使用过的抹布建议做好标记,用后及时清洗干净,晾干备用。

(4)双手消毒。采取流水肥皂或洗手液,按洗手六步法正确操作:如果从医院回家或者双手接触过污染物,建议用 0.5% 碘附溶液擦拭双手 2 遍并作用 1～3 分钟后再用清水冲洗干净,或者用含醇、含氯或过氧化氢类的免手洗消毒剂涂擦并自然干燥。

(5)汽车消毒。定期清洗汽车空调,经常开窗通风,必要时可以用 250～500mg/L 含氯消毒剂或 100mg/L 过氧化氢消毒剂进行擦拭消毒,并作用15～30 分钟。

(杜小安)

第六节　现代流行病学调查和大数据分析利用功能

大数据分析越来越多地被用于调查流行病的影响。它具有体积大、速度快、品种多的特点。大数据具有支持大流行分析的潜力,不能有效利用传统数据。例如,twitter 数据可以支持实时分析公众对 2009 年 H1N1 和埃博拉疫情的担忧和看法。Instagram 和 Flickr 等社交媒体图像服务可以用来分析公众对埃博拉疫情的恐惧和情绪。此外,新闻数据也被用来分析疫情,包括 H1N1 和 SARS。这些研究侧重于应用大数据监测大流行的出现,并分析公众对大流行的看法。

一、大数据时代的流行病学研究

(一) 现场流行病学调查

1. 调查目的

流行病学调查的目的主要有 3 个:调查病例的传染源,追踪和判定密切接触者;调查病例的发病和就诊情况、临床特征和危险因素等;调查分析聚集性疫情的传播特征和传播链。

2. 调查对象

已知或新发传染病疫情疑似病例、确诊病例和无症状感染者,以及聚集性疫情。

3. 调查内容和方法

(1) 个案调查。主要调查疑似病例、确诊病例和无症状感染者的基本信息、发病与就诊、危险因素与暴露史、实验室检测情况等,并填写个案调查表。其中疑似病例仅填写病例的姓名、性别、身份证号等基本信息。同时,追踪调查、判定病例的密切接触者,填写密切接触者医学观察健康状况监测个案表。

(2) 聚集性疫情调查。县(区)级疾控机构根据网络直报信息和病例个案调查情况,对符合定义的聚集性疫情立即开展调查。调查内容包括病例的感染来源、密切接触者等信息,重点调查病例间的流行病学联系,分析传播链和传播途径。

(3) 组织与实施。流行病学调查是依据《中华人民共和国传染病防治法》和《突发公共卫生事件应急条例》等法律法规开展的、应对传染病疫情的一项基本工作。按照"属地化管理"原则,由当地卫生健康行政部门组织疾控机构开展传染病疫情的流行病学调查。调查单位应当迅速成立现场调查组,明确调查目的,制定调查计划,确定调查组人员及职责分工。调查期间,工作人员要做好个人防护。市级、省级、国家级疾控中心可根据疫情处理需要赶赴现场,参与开展流行病学调查。

4. 信息上报与分析

县(区)级疾控机构完成确诊病例、无症状感染者个案调查或聚集性疫情调查后,将个案调查表和调查报告及时通过网络报告系统进行上报。

(二)血清流行病学调查

血清流行病学调查是流行病学的一个重要分支。它是用血清学方法和技术,分析研究人群血清中特异性抗原或抗体的分布规律及其影响因素,以阐明传染性疾病的发生与流行的规律,考核预防接种的效果等。开展血清流行病学调查的目的主要有以下 3 个方面。

1. 血清流行病学调查可以辅助制订疫苗接种政策和疫苗效果监测

典型的如麻疹。血清流行病学有助于在制定疫苗接种政策前估计疾病负担和人群免疫阈值。在接种疫苗后测试免疫持续时间,并评估是否需要增加剂量。为了减少麻疹的影响,欧洲建立了一个血清流行病学网络,定期收集有关感染的血清学数据。在一些国家,通过定期社区调查收集血清,以确定疫苗接种的目标人群并估计覆盖率。新冠病毒疫情暴发以来,各国相继开展了血清流行病学调查,为评估疫苗接种政策提供了可靠依据。

2. 通过血清流行病学调查可以了解病原体的感染性、传染性和动态变化

传染病暴发期间,血清流行病学调查可以快速收集感染者相关的数据,来帮助政府评估疾病,以进一步采取正确的措施。以 2015 年的中国台湾的南部登革热为例,当时据官方统计最终有 22777 例实验室确诊病例,由于暴发突然且医疗物资有限,政府果断采取相应措施,其中采用了血清流行病学调查,确定流行病的感染情况。

3. 在特殊条件下,血清流行病学调查可以辅助疾病筛查

血清抗体水平监测可以作为疾病筛查的主要手段,尤其是在医疗资源短缺、医疗水平落后的发展中国家。以新冠疫情为例,2020 年 3 月,世

卫组织督促会员国进行大规模新冠病毒测试,以确定疫情的真实范围,包括确定热点和高危人群,并监测疾病的传播速度。但是受限于技术及实验环境,大多数发展中国家无法承担大规模的核酸筛查。此时,血清学检测则发挥关键作用。因此,在核酸检测能力有限的前提下,血清学检测可以消除积压情况,防止医疗体系的不堪重负。

二、大数据分析应用

2020 年 6 月,在新冠肺炎疫情不断蔓延并席卷全球的大背景下,习近平总书记强调,要把增强早期监测预警能力作为健全公共卫生体系当务之急,完善传染病疫情和突发公共卫生事件监测系统,改进不明原因疾病和异常健康事件监测机制,提高评估监测敏感性和准确性,建立智慧化预警多点触发机制,健全多渠道监测预警机制,提高实时分析、集中研判的能力。在传染病预警多点触发和多渠道监测预警机制的建设中,医疗大数据分析将作为底层数据支撑发挥重要作用。面对新冠肺炎疫情这场新中国成立以来遭遇的防控难度最大的公共卫生事件,暴露出我国在重大疫情防控体制机制、公共卫生体系等方面存在着诸多短板。作为一项系统工程,疾病防控体系如何能在整个大卫生、大健康环境中打磨"四梁八柱",做到"宁可备而不用,不可束手无策"?"大数据＋疾控"给出了明确的答案。利用云服务、大数据和人工智能技术等创新科技,动态数据分析,实现回溯患者历史轨迹、寻找紧密接触人群、高危区域风险预警等多角度的防控决策支持和分析服务,同时进行病毒传播动力模型预测,资源调配等,推动疾病防控预警及检测。

(一)我国疫情防控体系存在的问题

1. 数据互联互通受限

疾病预防控制系统内部及其与公安等机构之间的系统互联互通和数据接入尚未实现。在疾控系统内部,不同疾控业务的互联互通和主数据统一管理尚未实现;在跨部门协作层面,疾控中心与公安、海关等部门的实时数据共享渠道尚未正式打通,导致疾控中心无法及时获取疫情数据资源。

2. 医院未能实现对疑似病例的自动预警和监测

医院内部信息系统多,尚未开放,不可能对医疗和临床数据进行持续的智能集成和监控。

3. 缺少以数据资源为基础的决策分析平台

导致无法及时制定防疫策略。

(二)解决措施

1. 加强传染病与突发公共卫生事件网络直报系统

传染病与突发公共卫生事件网络直报系统的滞后性给疫情防控带来了极大挑战。在直报系统中,疫情数据的流通依赖于临床医生的手工填报,时效性受限,且容易受到人为因素干预。因此,建立疾控系统的事前预警、事中监测和事后溯源机制尤为重要。通过对临床数据和其他疾病防控相关数据的实时监控,多通道数据交叉预警,利用机器学习等人工智能技术进行智能预警、扩散预测、风险判断、感染源追踪等分析,可以提供准确的疫情防控策略,帮助政府在大规模疫情暴发前采取有效措施阻断疫情传播,提高传染病防控能力。

2. 建立多点触发智慧疾控预警监测平台

多点触发智慧疾控预警监测平台是指通过建立现代化的传染病监测预警系统,利用人工智能等技术手段及早、智能化地判别出传染病可能增加的流行风险或已出现的"苗头"并自动发出预警信号。建立多点触发智慧疾控预警监测平台,对常态化疫情防控形势下及时发现疫情、精准防控具有重大意义。

在医院、学校、药店、海关、机场、车站、农贸市场等设立各个自动触发点,部署5G智能发热监测系统,建立症候群监测、重点人员、环境、货物及食品监测、传染病动态监测、网络舆情监测、人口流动及迁徙态势等13类风险预警指标,通过智能规则模型自动形成红、黄、蓝等三类预警信息,相应触发市、区、街道、社区等四级相关业务,实现应急指挥、专家会商、应急资源一键调度。例如,电子病历系统(EMR)是数据来源的最初一环,也是国家推动的医院信息化升级中的一个核心系统。利用大数据及人工智能对EMR、检验检查结果等数据(其中包括部省属医院、市区属医院、民营医院、第三方检测机构、个体诊所等）进行分析并运用于公共卫生监测体系中。该模型通过映射医学知识地图，直接提取电子病历来构建语义结构。人工智能匹配知识库，判断电子病历是否包含新发冠状肺炎等传染病的关键词。一旦被人工智能判断为疑似或高度疑似，将上报疾控部门，避免漏报或延误上报。系统直接打通并连接到医院的 EMR，作为省市疾控中心的上报分析、数据汇总及预警分析系统。同时，系统结合历史疾控数据进行学习，并结合区域密度和人口流动率等大数据，可以对疑似数据对传染病的发展速度及分布区域等进行预测，从而为疾控决策给出参考数据。

除此之外，利用人工智能技术实现智能风险预警监测一张屏，以热力图、动态指标、预警消息等各种动态图形化展示多种监测预警指标，并支持逐级下钻及明细功能，监控公共卫生事件风险因素发展情况。它可以监控各种公共卫生风险指标的详细信息，并根据公共智能技术的发展动态显示监控信息和风险指标的准定位。

（杜小安）

第三章　国内外经典的医疗机构大楼建设案例

第一节　我国经典公共卫生大楼建设案例

一、武汉市方舱医院建设案例

2019 年末,一场突如其来的新冠疫情席卷全球。在此背景下,武汉市累计 16 所方舱医院于 2020 年 2 月先后建立,收治感染患者,为中国打赢此次疫情攻坚战打下了坚实的基础,并为国际社会抗击疫情贡献了中国智慧和中国力量。在此期间,方舱医院共收治患者 1.2 万余名,且实现了"零感染、零死亡、零回头",方舱医院的规划与建设对处理重大公共卫生事件具有重要参考价值。

(一) 选址与规划

方舱医院作为此次突发公共卫生事件的应急救治场所,不仅要考虑疫情防控因素,还需要考虑时间、成本、距离以及建筑的可持续性等重要因素[1]。

根据预防传染病的三原则——控制传染源、切断传播途径、保护易感人群,方舱医院首先需要有足够大的空间收纳病人,减少病人的存量和增量。因新冠肺炎属于新发传染病,前期缺乏特效药和可借鉴的控制措施,面对难以控制的疫情形势,且随着新冠肺炎诊断指南的逐渐完善,病人数量几乎呈指数型增长。地方医院难以收纳日益激增的病人,且人流量大,极易引起交叉感染,方舱医院很好地解决了这一问题,为病人的集中隔离与进一步救治提供了便利。新冠肺炎传播性强,因此方舱医院的选址应远离人员密集处,如大中小学校、商场中心等,同时选在常年主导风向的下侧。在距离上,方舱医院既要与中心城区有一定的间隔,也要确保生活物资与医疗物资的及时送达。但由于设计与新建工序复杂,且短时间内难以满足上述全部条件,于是将大型体育场馆、会展中心等进行改建便成为另一种可供选择的方案。疫情结束后还要考虑到方舱医院是否可持续利用,若能恢复原建筑样式或继续发挥功能则可以避免资源的浪费。

2020年2月始,武汉市全面着手改造方舱医院,最终确定13所,分别为武昌方舱医院(洪山体育馆)、江汉方舱医院(武汉国际会展中心)、客厅方舱医院(文化地标改建)、武汉硚口方舱医院(硚口体育馆)、武汉沌口方舱医院(闲置工业厂房)、武汉体育中心方舱医院(武汉体育中心)、黄陂区体育馆方舱医院(黄陂区体育馆)、光谷科技会展中心方舱医院(光谷科技会展中心)(彩图1)、武钢体育中心青山方舱医院(武钢体育中心)、全民健身中心江岸方舱医院(武汉全民健身中心)、武汉体校方舱医院(体育运动学校体育馆)、国际博览中心汉阳方舱医院(武汉国际博览中心)、大花山户外运动中心江夏方舱医院(江夏大花山户外运动中心)。

(二)建设与布局

为避免交叉感染和最大限度地利用有限空间,方舱医院内部严格遵循"医患分区"原则,且满足"三区(清洁区、半污染区、污染区)两缓冲(污染区与半污染区、半污染区与清洁区之间所设缓冲区)两通道(医务人员通道、患者通道)"要求,并预留适当的空间以供患者活动(图3-1)。

(1)清洁区。工作人员进入诊疗室前放置个人物品、更换工作服或休息的区域。

(2)半污染区。位于清洁区和污染区之间的区域,医务人员在此区域内更换、穿脱防护用品。该区域设置医护办公室、配药室等,可能存在病毒。

(3)污染区。即诊疗区,医务人员与患者共处一室的区域。

经过"缓冲间→脱隔离服间→脱防护服间→脱制服间→淋浴间→一

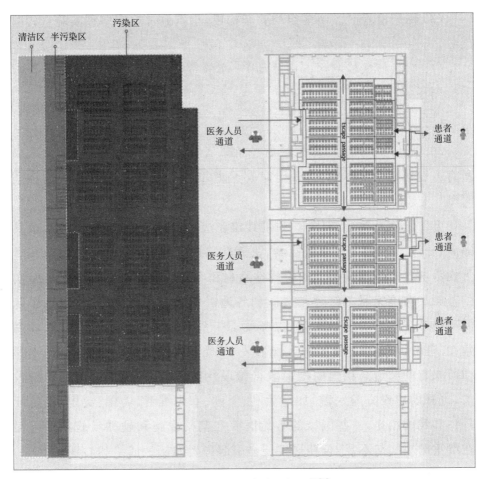

图 3-1　方舱医院的分区和通道[3]

次更衣"后这一系列步骤后,医护人员才能够从污染区域回到清洁区域,
确保病毒不会被带去清洁区造成二次传染。按照不同功能进行分区,其
内部又可分为病房区、影像检查区、临床检验区、病毒核酸检测区。

　　(1)病房区。患者入住生活并进行临床治疗和观察的区域。病床总
数在 1000 张左右,以 50～60 张床为一个治疗单元,病床之间相对隔开以
减少患者的相互干扰,尽量减少人员流动。重症病房区还配置有氧气瓶、
抢救车、抢救药品、监护抢救设备、转运平车等,用于重症患者的观察救治。

　　(2)影像检查区。由多组影像车构成,承担 X 线、CT、超声等多种影
像检查任务。

(3)临床检验区。由多组检验车构成,承担血常规等多种实验室检验任务。

(4)病毒核酸检测区。由移动P3实验室构成,承担新型冠状病毒核酸检测任务。

(三)评价与展望

2020年3月30日,武汉最后一批患者在洪山体育馆出院,至此武汉所有方舱医院全部休舱,光荣地完成了使命,成为历史上值得纪念的神圣时刻。

方舱医院从改建到休舱,凭借其建设快、大规模、低成本的特点,及其隔离、分流、基本医疗、频繁检测、快速转诊的五大基本功能[3],短短几十天内为这次疫情取得前期的阶段性胜利和未来的决定性胜利奠定了坚实的基础。在国家紧急医疗救援队和各地医疗队的共同援助下,方舱医院内部在开展救治工作的同时,也开展了一系列文娱活动,如广场舞、读书角、心理咨询等,营造了一种团结友爱、阳光积极的气氛,医患关系达到了前所未有的和谐。我国的疫情取得阶段性胜利后,世界其他国家纷纷效仿,也开始建设方舱医院,如意大利、伊朗、塞尔维亚、美国、英国、西班牙等。和我国相比,一些国家的方舱医院在基础设施和硬件设施条件下存在严重的缺陷与不足,长期居住还易引起患者的抵触情绪和心理压力。

总体而言,方舱医院的建设克服了诸多现实因素后快速部署,在处理重大公共卫生事件过程中为集中隔离、收治大量患者发挥了重要作用。尽管如此,方舱医院的建设也存在一些挑战:基础设施方面,要保证水电、网络、通信等必要条件的正常供应以及医疗器材、防护物品、检测试剂等后勤物资的充足;规划设计方面,既要考虑时间成本,优先组装拆卸简单且实用的设计方案,同时也要尽量避免单调的设计以造成医患心理压力,体现人文关怀;人员管理方面,由于医护人员来自全国各地,要及时做好统筹协调与心理辅导工作;智能设备方面,加强物联网、大数据、云计算以及人工智能与方舱医院的结合,实现信息化、智能化的功能创新与探索。

目前,全球新冠肺炎仍在流行,不断改进、总结方舱医院的建设经验、完善应急救助体系并将其推而广之,能为此次疫情以及未来其他大规模传染病防控提供宝贵经验。

（孙　超）

二、石家庄火眼实验室

石家庄火眼实验室是由华大基因筹建运营用于规模化、标准化的核酸检测平台，意为第一时间用"火眼金睛"发现新冠病毒。目前，火眼实验室凭借其可移动、自动化、低成本、高通量核酸检测的优势在国内外众多城市备受青睐，成为各地应急公共卫生基础设施的有力组成部分，也成为凸显中国速度与中国智慧的一张闪亮名片。

（一）设计与规划

在设计前期，华大基因和设计团队一起进行了研发迭代和现场搭建。华大基因提供实验室建设、内部高精尖的检测试剂等，为全球客户提供一套整体检测解决方案，包括前期实验室规划、设备组装调试、专业技能培养及考核体系、实验室质量管理体系。而同济大学的研发团队基于摩尔定律、五维 BIM 模型设计对气膜结构计算、暖通设备、强电安装等提出了新的技术愿景，并不断创新整合(图 3-2)。

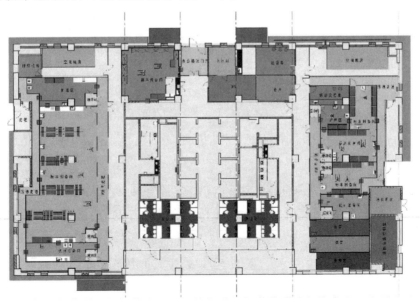

图 3-2　石家庄火眼实验室平面图

49

与传统建筑相比,火眼实验室没有采用钢筋混凝土来进行建设,而是创造性地使用了可移动式的气膜结构,其优势在于它可以折叠拆卸、快速安装,并且由于采用了模块化设计,还能将其添加到更大的阵列中。而这种结构的价格只是普通训练机器人的1/5,经济实用。气膜结构一般是用膜材料做成封闭空间,加以锚定,同时配以恰当的钢缆系统,利用适当的大气压差成为能抵御风、雨、雪的封闭式气膜建筑,在疫情发生前尚未应用到应急医疗建筑领域。由于应对此次疫情情况紧急,工期任务短,而气膜建筑正好建造速度快,性价比高,还能折叠打包后空运,便于在各个地区调配资源,也便于利用现有的生产系统及时大规模生产和建造。加之热合技术对膜材进行封闭可以保证室内空间的密闭性,有利于实现负压环境。

为高质量快速完成建设,实验室的设计采用"前殿后场+网络协同"的工作模式,即现场由资深管理人员进行对接与协调,后场由全国各地的工程师共同进行图纸深化、模型创建修改、数据发布等工作,同时辅以网络平台进行沟通,以实现跨地域、跨专业、跨部门的协同作业。

(二)建设与布局

实验室采用帐篷式结构,每个宽4～5m,高3～4m,长约10m,还可以根据实际通量需求进行灵活组装,50分钟左右即可将气膜仓充满气体,并实现6小时内的快速安装,12小时内完成设备调试投入使用,具有极强的灵活性和环境适应能力。

在石家庄火眼实验室的建设现场,总占地约500亩,建设所需的每一个集成房屋使用面积18m²,内有独立的卫生间和淋浴间,接上水电就能使用。这些集成房屋采用轻钢结构,配件可以更换,完成使命后还可以回收利用。

实验室建筑主要功能分区包括:标本制备间、试剂制备间、样板暂存间、扩增区、辅助实验室、缓冲间、更衣室、PCR内走道、污物走道、垃圾房以及空调、通信、消防、动力等设备间[4]。

在每个火眼实验室里配备了至少150人的团队,以3班轮替的工作方式保障实验室每日的满负荷运转状态。实验室搭载的华大智造MGISP-960及MGISP-100自动化样本制备系统,可以实现病毒核酸自动化提取,上机后无须人工干预,自动化提取环节仅耗时 1 小时,极大加快了大规模人群筛查中病例检测的速度[7]。

北京火眼实验室外观及内景见彩图 2、彩图 3。

(三)评价与展望

对于突发性重大公共卫生事件,"火眼"能在短时间内搭建完成,迅速提升当地新冠病毒核酸检测能力。而在疫情平稳后,"火眼"实验室还将会在生育健康、传染性疾病、肿瘤等方面的大规模人群检测上继续发挥优势,成为各地医疗卫生体系改造升级中的"标配",也是改善民生健康、促进生命科学的研究以及发展生命健康产业重要的公共卫生新基建。除此之外,还可以循环利用一些建筑主材进行改造,应用于餐厅、展厅、会议室、办公室、教室、零售店、民宿等各个领域,具有广阔的发展前景。

参 考 文 献

[1] 李刚,林运卫.突发公共卫生事件方舱医院建设选址决策研究[J].科技促进发展,2020,16(12):1585-1593.

[2] 李桂迎,谢馥鑿,冯韬,等.来自中国武汉的 COVID-2019 防疫经验:方舱医院的建设与管理[J].蛇志,2020,32(02):270-272.

[3] SIMIAO CHEN,ZONGJIU ZHANG,JUNTAO YANG,et al. Fangcang shelter hospitals:a novel concept for responding to public health emergencies[J]. The Lancet,2020,395(10232).

[4] 苏运升,陈堃,李若羽,等.火眼实验室(气膜版)[J].设计,2020,33(24):43-45.

[5] 赵伟强,王玉洁,郎维品.火速驰援防疫攻坚:东胜集团展担当[J].城市开发,2021(02):40-41.

[6] 刘维佳.火眼实验室背后的信息技术[J].住宅与房地产,2020(11):68-71.

[7] 张孟月.华大基因:科技助力疫情保卫战[J].科技与金融,2020(04):7-9.

(孙 超)

三、赤壁市公共卫生中心大楼

(一)赤壁市公共卫生中心大楼建设背景

1. 赤壁市的基本概况

赤壁市原名蒲圻,三国东吴黄武二年(223 年)置县,远在东汉末年闻名遐迩的赤壁之战在境内发生,人文底蕴深厚。1998 年经国务院批准更名为赤壁市。

赤壁市是湖北省的南大门,位于长江中游南岸,地处湘、鄂、赣三省毗邻地区,具有"枕幕阜之群峰,踏江汉之平原,扼潇湘鄂之咽喉,通九衢之要塞"的独特地理位置,107 国道、京珠高速公路、武深高速公路、京广铁路和武广高铁纵贯全境,长江水道依境而过,国土面积 1723km², 辖有 3 个街道、9 个乡镇、2 个农业开发区、1 个农场和 1 个林场,总人口为 52 万人,人口出生率为 13.06‰,人口死亡率为 6.41‰,人口自然增长率为 6.77‰。

2. 赤壁市医疗卫生机构基本概况

赤壁市共有各类注册医疗卫生机构 226 家,其中二级甲等综合医院 2 家、二级甲等中医医院 1 家、二级妇幼保健院 1 家、血防专科医院 1 家、疾控机构 1 家、综合监督执法机构 1 家、乡镇卫生院 11 家、社区卫生服务中心 5 家、村卫生室 135 家、社区卫生服务站 22 家、民营综合医院 3 家、个体诊所 43 家,共有各类卫生技术人员 4023 人,其中执业医师 1212 人 (2.5 人/千人),执业注册护士 1337 人(2.7 人/千人),开放病床 2132 张。人均期望寿命达到 77.91 岁,慢性病过早死亡率控制在 12.24%。

3. 赤壁市疾控中心概况

赤壁市疾控中心是 2005 年 6 月在原赤壁市卫生防疫站的基础上,实施体制改革组建成立的公共卫生服务机构,主要承担全市重点传染病和慢性病的预防与控制,突发公共卫生事件的应急处置,疫情信息监控与管理,健康危害因素监测与干预,实验室检测分析与评价,健康教育与健康促进等工作职能.同时承担国家基本公共卫生服务项目中的传染病和突发公共卫生事件报告与处理、预防接种、慢性病管理、严重精神障碍患者管理、老年人健康管理、结核病等工作的指导、培训、督导、考核、信息收集、统计上报等工作。

中心原有业务用房 3 栋,建筑面积 5780m², 其中实验室用房 1200m², 包括千百级洁净实验室、二级生物安全实验室,能开展微生物、理化、临检等 216 项指标的检验检测工作。

　　近几年来,先后通过了职业卫生技术服务机构、职业健康检查机构、艾滋病筛查机构、新冠病毒核酸检测机构和疾控机构甲等实验室的资质评审,获得了湖北省抗击新冠肺炎先进集体、省级文明单位、国家慢性病综合防控示范区、湖北省健康促进示范县(市、区)、湖北省疾控文明号、湖北省疾病预防工作先进集体、湖北省疾病控制强基工程先进县(市)、湖北省食品安全风险监测先进单位、湖北省疾控机构计量认证先进单位、湖北省全球基金结核病项目先进集体、中国健康与营养调查项目突出贡献奖等荣誉称号。2013年被湖北省卫生厅指定为湖北省首批健康管理试点机构之一,2015年被湖北省卫计委确定为国家心血管病早期筛查与综合干预项目试点之一,并与国家和湖北省疾控中心合作开展多项科研课题研究。

　　4. 赤壁市建设公共卫生中心大楼的必要性

　　自2003年传染性非典型肺炎暴发以来,国务院发布了《突发公共卫生事件应急条例》、国务院办公厅转发了国家发展改革委员会、原卫生部《突发公共卫生事件医疗救治体系建设规划》(国办发〔2002〕82号),明确政府应加强对公共卫生机构和防治传染病性疾病的责任,加大政府对公共卫生投入、建立和完善预警机制和应急指挥系统,健全疫情报告信息网络,加快各级防治机构建设,完善疾病预防控制体系列为我国当前卫生工作的重点。按照国务院要求,建成省地县三级疾病预防网络,并抓紧研究制定突发公共卫生事件医疗救治体系的建设规划,面向长远提高整体救治能力。湖北省出台了《湖北省县级疾病预防机构建设指导标准(试行)》和《疾控中心建设标准(建标127—2009)》,建设公共卫生中心大楼是落实疾病预防控制和规范公共卫生服务体系基础设施建设需要。

　　《赤壁市经济和社会发展"十三五"规划》指出,扎实做好疾病防控,贯彻"预防为主"的卫生工作方针,推进重大传染病防控,做好计划免疫工作,加强一类疫苗接种,不断提高预防接种率,实施艾滋病、结核病、血吸虫病等重点疾病防控规划和行动计划,强化慢性病、地方病、职业病和出生缺陷疾病的防控工作,完善突发公共卫生事件应急机制,重点做好急性传染病、群体性不明原因疾病、食物中毒等突发公共卫生事件的应急处置工作,加强自然灾害、事故灾难和社会安全事件的紧急医学救援,加强疾

53

病预防控制机构建设、完善疾病预防控制组织体系是提高突发公共卫生事件的应急处置能力和水平,是提高卫生服务质量与效率,保护人民群众身体健康,促进社会和经济发展的重要举措,是落实赤壁市经济和社会发展规划的需要。

赤壁市已经步入经济和社会快速发展时期,迫切需要一个与之相适应的疾病预防控制机构体系,赤壁市公共卫生中心大楼建设是赤壁市社会经济发展的需要。原赤壁市疾控中心位于老城区,占地面积小,不能满足人民群众日益增长的卫生保健服务需求,原有的业务用房年久陈旧,不能进行改造,且存在严重的安全隐患,同时限制其业务发展,实验检测用房不能更好全面履行国家赋予疾病预防控制工作基本职责和职能。建设赤壁市公共卫生大楼是新形势下赤壁市疾病预防控制事业发展的需要。

(二)赤壁市公共卫生中心大楼建设的理念

为顺应新形势、新时期的新要求,进一步筑牢人民健康的公共卫生防线,加快疾病预防体制的改革和公共卫生应急体系建设,坚持新时期预防为主、防治结合的卫生健康工作方针,以"大卫生、大健康"为抓手,不断完善与赤壁城市功能定位和发展目标相适应的创新型疾病预防控制工作体系,建设赤壁市五大中心,即赤壁市大数据管理中心、赤壁市健康管理中心、赤壁市卫生检验检测中心、赤壁市卫生应急指挥中心和赤壁市慢性病管理中心。

1. 建设健康大数据中心

围绕"智慧赤壁""健康赤壁"建设的总体规划,建设一个区域内各医疗机构信息互联互通、信息共享,居民健康自测点和智能穿戴设备广覆盖,健康信息多渠道收集并全程监测,重点传染病、慢病、精神病人和孕产妇、婴幼儿精准定位,随访网格化实施,健康教育与促进分类开展的居民健康服务系统。同时,基于大数据和云服务,汇集和管理全市各类健康数据,为监测各类疾病、方便人民群众看病就医和卫生管理等提供全面的信息服务。

2. 建设健康管理中心

建立由市疾控中心、各综合医疗机构、乡镇卫生院(社区卫生服务中心)共同组成的健康管理服务网络。依托现有的赤壁市健康管理中心建设以市疾控中心、人民医院为主体的全市规模最大、专业深厚、信息化程度高的健康管理服务中心,提供全人群全生命周期一站式健康管理服务。在全人群全生命周期的主基调下,重点围绕《健康中国行动(2019—2030年)》中提出的 15 个专项健康促进行动,及湖北省人民政府"323"攻坚行动方案的要求,探索建立科学、便捷、有效的健康管理服务模式。

3. 建设公共卫生检验检测中心

建成硬件环境优、技术能力强、服务水平高、品牌影响力大,与公共卫生现代化发展相适应的检验检测体系,实现全市涉及公共卫生领域的所有检验检测集中统一。建设内容含临床检验实验室、千百级实验室、P2实验室、大型设备实验室、艾滋病筛查室、水质检测室、食品安全检测室、职业卫生检测室、血吸虫等寄生虫病检测室、化妆品及日用品检测室、放射场所监测室、免疫学检测室、病原微生物检测室、基因检测室等,开展各类检测项目达 10 余项。

4. 建设卫生应急指挥中心(物资储备中心)

充分发挥 5G 等信息技术优势,以"平战结合、定位明确、高效协作"的原则,构建"市—镇—村"三级卫生应急指挥体系。实现全市所有医疗卫生机构疾病预防、医疗救治、疾病监测、公共卫生等数据的统一集中使用,并融合医保、民政、公安、通信、交通、环保等政务部门数据,建成功能完备、运行稳定、实用性强的现代化卫生应急调度管理系统。建设内容含卫生应急指挥中心、卫生应急物资储备中心、公共卫生培训中心、健康教育科普馆等。

5. 建设慢病管理中心

结合赤壁市慢性病防治工作实际、在开展国家慢性病综合防控示范区创建的基础上,利用现有医疗卫生服务资源,通过整合健康管理和医疗卫生服务,使其共同服务于慢性病防治工作,组建慢病管理中心,形成慢性病健康管理服务新模式。为全市居民全程健康管理提供技术指导、培训、督导;指导各基层医疗机构设置健康危害因素干预门诊和儿童、老年人、慢性病患者管理门诊,将健康管理与基本公共卫生服务紧密结合,做好重点人群全生命周期的健康管理服务。达到降低慢性病过早死亡率，提高人均期望寿命，实现最大的健康收益的目的。

（三）赤壁市公共卫生中心大楼的布局及功能

1. 赤壁市公共卫生大楼的方位

赤壁市公共卫生中心大楼位于赤壁市生态新城，南接北山路，东邻北渠防护绿地，地理位置适中，水、电、交通、通信等基础设施齐全，区域位置十分优越，总占地 85 亩，建设三栋办公大楼，总建筑面积 30000m²，呈方形排列（图 3-3）。

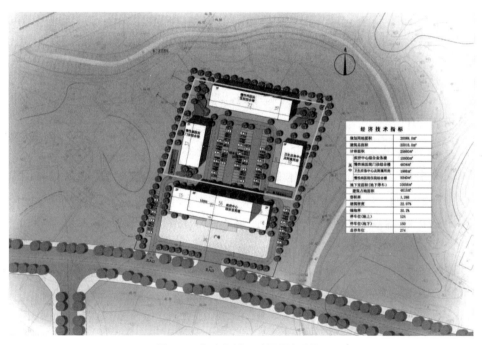

图 3-3　赤壁市城区地图及规划图

2. 赤壁市公共卫生中心大楼布局及功能

赤壁市公共卫生中心综合业务楼占地面积 20000m²，建筑面积 10000m²。一层为免疫预防接种，设有候诊区、登记室、接种区、观察室和儿童活动室；二层为健康管理中心，开展健康体检和健康干预，开展全人群全方位全生命周期的健康管理；三层为国家视力防控示范中心，开展儿童、青少年视力筛查、矫正、管理工作;四至八层为疾病预防控制相关业务科室,其中六层楼为中心行政办公室,八层楼为学术报告厅(彩图4)。

3. 赤壁市公共卫生中心大楼(卫生检测检验中心)

赤壁市公共卫生中心大楼总建筑面积 10000m²,共 6 层,其功能是开展食品、饮用水、化妆品、病原微生物、基因检测等 10 余项指标检测(彩图5)。

(四)结语

新中心建成后,将作为全市疾病预防的技术中心,突发公共卫生事件的应急指挥中心。在疫情防控及突发公共卫生事件应急处置中,市公共卫生中心承载着重大的历史使命。赤壁市将以公共卫生中心建成投用的契机,高标准建设重点实验室,进一步加大人才培养和引进的力度,全面提升公共卫生队伍能力;加快建设全市突发公共卫生事件应急指挥中心等五大中心,打造全市突发公共卫生应急处置的中枢,市疾控中心将以公共卫生中心的建成为新的起点,深入学习贯彻党的十九届五中全会精神和习近平总书记重要讲话指示,坚持人民至上,生命至上,大力弘扬伟大的抗疫精神,抓好抓实常态化疫情防控,全方位、全生命周期保障人民健康,为健康赤壁建设做出更大贡献。

(钱平平　赵安平)

第二节　国外经典的公共卫生大楼建设案例

一、美国疾控中心大楼

美国疾病预防与控制中心(Center for Disease Control and Prevention, CDC)是美国联邦政府机构,隶属于美国卫生和公众服务部,是美国疾病预防控制体系的主干。该中心创建于 1946 年 7 月 1 日,总部位于亚特兰大,是美国联邦政府机构用来保护国内外美国公民的健康和安全,提供可靠的信心来帮助卫生决策,通过强有力的合作来促进国民的健康,通过改善环境卫生与健康教育来提高美国人民的健康水平(图3-4)。

图 3-4　美国疾控中心外观

　　美国疾控中心最初的主要任务是很简单而又极具挑战性:防止疟疾在全国范围内蔓延。该机构只有 1000 万美元的预算和不到 400 名员工,早期的挑战包括获得足够的卡车、喷雾器和铲子,以对蚊子发动战争。

　　当该组织在曾经被称为疟疾区中心的南方深深扎根时,CDC 创始人 Joseph Mountin 博士继续倡导公共卫生问题,并推动 CDC 将其职责扩展到其他传染病。他是一位具有远见卓识的公共卫生领袖,对这个当时相对微不足道的公共卫生服务部门的小分支寄予厚望。1947 年,CDC 向埃默里大学象征性地支付了 10 美元,购买了亚特兰大克利夫顿路的 15 英亩土地,现在这里是 CDC 总部。新机构将工作重点扩大到包括所有传染病,并应要求向各州卫生部门提供实际帮助。

　　美国疾控中心的高层组织机构包括主任办公室(The Office of the Director)、全国职业安全和健康研究所(National Institute for Occupational Safety and Health,NIOSH)以及 6 个协调中心(办公室),分别是环境卫生和伤害预防协调中心(Coordinating Center for Environmental Health and Injury Prevention,CCEHIP)、卫生信息服务协调中心(Coordinating Center for Health Information Service,CCHIS)、健康促进协调中心(Coordinating Center for Health Promotion,CoCHP)、传染病协调中心(Coordinating Center for Infectious Diseases ,CCID)、全球健康协调办公室(Coordinating Office for Global Health,COGH)、恐怖主义防备

和应急协调办公室（Coordinating Office for Terrorism Preparedness and Emergency Response，COPTER）。此外，CDC 还设有全国性的研究中心，包括国家伤害预防与控制中心（National Center for Injury Prevention and Control，NCIPC）、国家环境卫生中心（National Center for Environmental Health，NCEH）、国家出生缺陷和发育性残疾中心（National Center on Birth Defects and Developmental Disabilities，NCBDDD）、国家慢性病预防和健康促进中心（National Center for Chronic Disease Prevention and Health Promotion，NCCDPHP）、国家免疫和呼吸系统疾病中心（National Center for Immunization and Respiratory Diseases，NCIRD）、国家动物源性、病媒性和肠道疾病中心（National Center for Zoonotic，Vector-Borne，and Enteric Diseases，NCZVED）、国家艾滋病、病毒性肝炎、性传播疾病和结核病预防中心（National Center for HIV/AIDS，Viral Hepatitis，STD，and TB Prevention，NCHHSTP）、国家防备检测和控制传染病中心（National Center for Preparedness，Detection，and Control of Infectious Diseases，NCPDCID）、国家公共卫生信息中心（National Center for Public Health Informatics，NCPHI）、国家健康行销中心（National Center for Health Marketing，NCHM）、国家卫生统计中心（National Center for Health Statistics，NCHS)等 11 个中心。

二、欧洲疾控中心大楼

2004 年，欧洲疾控中心（ECDC）在瑞典的斯德哥尔摩成立，旨在加强欧洲传染病的防控能力。ECDC 的主要任务是对危害人类健康的传染病进行鉴定、评估和交流。ECDC 在其成员国开展了广泛的传染病监测并建立了早期预警系统。ECDC 是一个独立的欧盟部门。本着"少而精干高效"的原则，它只有相对较少的核心工作人员，其外围的联系网络包括各成员国的公共卫生研究所和科学院，同时联合了整个欧洲的数百位有关专家。ECDC 将逐步取代"欧洲传染病网络"的业务职能，也将承担原先由欧盟卫生安全行动组负责的监控和防范生物恐怖袭击的有关工作（图 3-5）。

图 3-5　欧洲疾控中心大楼

　　ECDC 动员和加强各成员国的 CDC 之间的协调,促进欧盟现有的卫生资源进行更有效的共享和合作,并对欧洲的疾病预防与控制进行更好地规划。ECDC 将集合欧洲的有关专家,就严重的公共卫生威胁为欧盟提供权威的科学建议,推荐控制措施,快速动员应急队伍,以确保在整个欧洲范围内采取迅速有效的应对措施。具体而言,有以下主要任务:①流行病监测和实验室网络中心。将在整个欧洲开展流行病监测,并逐步取代"欧洲传染病网络"的业务职能。为此,它将协调和统一监测方法,提高所收集数据的可比性和兼容性。它也确定和管理参比实验室网络,增强微生物实验室的质量保证计划。②早期预警和反应。早期预警和应急系统(EWRS)要求全天 24 小时都能与相应的疾病专家保持联络,确保有关专家能够及时到位。各成员国和欧盟委员会负责对警报采取行动,而ECDC 则承担 EWRS 的业务运作。ECDC 将与欧盟委员会的相关机构(如欧洲食品安全管理局)及 WHO 组织的其他预警系统加强协调和合作。③科学建议。公共卫生的决策必须以高质量的、独立的科学证据为基础。ECDC 将以其内部的专家和成员国的专家网络为后盾,为欧共体的公共卫生政策提供科学评价和技术支持。如果针对某个特别事项而言,现有专家匮乏,ECDC 的主任可以同中心的顾问委员会协商,从知名的科学机构中抽调专家,成立独立的科学小组。由于在传染病领域中的科学问题非常广泛,从临床医学和流行病学直至实验室程序的标准化等,不可能在一个科学委员会中涵盖所有这些问题。因此,中心将根据所涉及的具体问题,将不同领域的专家归入不同的网络和小组中去。④技术援助中心。为欧洲经济共同体(EEA)和欧洲自由贸易共同体(EFTA)、欧盟的成员国和申请国提供技术援助,也向暴发疫病流行的第三世界国家提供技术援助。在适当的情况下,它也会与 WHO 和其他国际组织协同行动。⑤为公共卫生突发紧急事件做好准备。ECDC 将集合欧洲的有关专家,为欧盟范围内的卫生灾难(如流感或生物恐怖袭击)的防备和应对计划提供支持。⑥为公共卫生威胁进行沟通和交流。及时准确地获得客观、可靠的有关公共卫生威胁方面的信息,对公众和决策者都非常重要。ECDC 将加强有关信息的沟通和交流,利用不同的媒体和交流工具,确保有关信息准确可靠、容易理解且易于获取。⑦为公共卫生威胁提供快速有效的反应。从 SARS 的暴发即可明显地看出,快速有效的反应是控制传染病暴发的关键环节。面对 SARS 或其他传染病,仅有快速有效的预警网络还远远不够,必须具备快速反应并采取有效行动的能力。

(谭晓东　朱思蓉)

公共卫生大楼

建设案例与分析篇

GONGGONG WEISHENG DALOU

JIANSHE ANLI YU FENXI PIAN

第四章　宜昌市疾控中心大楼：设计案例与公共卫生学特征

第一节　大楼的基本情况

一、项目概况

宜昌市公共卫生中心建设工程项目位于宜昌高新区东山园区桔乡路和兰台路交会处东南侧，项目靠近宜昌市城区，距离现宜昌市疾控中心1.7km，用地周围多为工业用地，东南侧为现状山体，北面为居住用地，交通便捷，环境较好（图4-1）。

图4-1　项目区位及分析

项目规划用地面积36475.87m²，规划总建筑面积49320m²，一期总建筑面积42700m²，其中地上建筑面积32500m²，地下建筑面积10200m²；二期总建筑面积6620m²，其中地上建筑面积4960m²，地下建筑面积

1660m²。项目主要包括三个建设子项目:宜昌市疾控中心,总建筑面积
33000m²,其中地上建筑面积25000m²,地下建筑面积8000m²;宜昌市卫
生计生综合监督执法局总建筑面积4500m²,地上建筑面积3500m²,地下
建筑面积1000m²;宜昌市急救中心总建筑面积5200m²,地上建筑面积
4000m²,地下建筑面积1200m²。

建筑总体布局由公共卫生中心主楼、配电房、医疗废弃物暂存间、门
房、预留实验楼及整体地下室等组成,其中公共卫生中心主楼可分为Ⅰ、
Ⅱ两个区域,公共卫生中心Ⅰ区为疾控中心实验用房;公共卫生中心主楼
Ⅱ区包含疾控中心业务用房、急救中心用房、监督执法局用房及保障综合
用房4个部分。地上拟作为业务技术用房、实验室用房等,地下为设备用
房、仓库及停车。见图4-2和彩图6。

图4-2 宜昌市公共卫生中心总平面图

(图片来源:中南建筑设计院股份有限公司)

二、建筑特征

总体布局由疾控中心实验楼、疾控中心业务楼、保障综合楼、监督执法局技术业务楼、急救中心及整体地下室等组成。如图4-3所示。

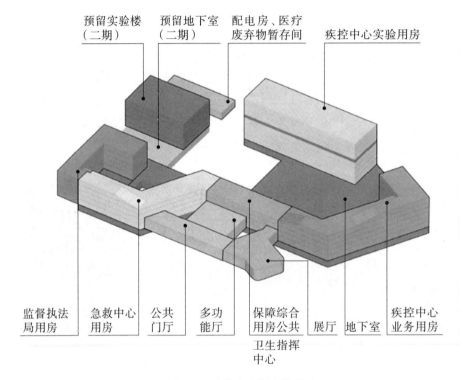

预留实验楼（二期）　预留地下室（二期）　配电房、医疗废弃物暂存间　疾控中心实验用房

监督执法局用房　急救中心用房　公共门厅　多功能厅　保障综合用房公共卫生指挥中心　展厅　地下室　疾控中心业务用房

图4-3　功能分区及布置图

1. 本项目主要建筑高度

（1）公共卫生中心主楼Ⅰ区。疾控中心实验用房建筑高度34.85m（含室内外高差，余同），地上7层（不含设备夹层）。

（2）公共卫生中心主楼Ⅱ区。疾控中心业务用房建筑高度25.9m，地上6层；急救中心用房建筑高度21.9m，地上5层；监督执法局用房技术业务楼建筑高度17.9m，地上4层；保障综合用房建筑高度17.9m，地上4层。

（3）整体地下室一层，主体建筑投影范围内层高6.0m，其他区域 4.5m。

（4）预留实验楼（二期）建筑高度 23.7m,地上 5 层。

2. 本项目结构选型

采用钢筋混凝土框架结构。

3. 本项目所有建筑工程防火设计类别

一类。

4. 建筑耐火等级

地上一级,地下建筑一级。

5. 建筑物耐久年限

50 年。

6. 防水等级

屋面防水等级为Ⅰ级,防水层合理使用年限 20 年;地下车库防水等级为Ⅰ级。

7. 人防地下室

甲类附建式人防工程;战时用途为二等人员掩蔽体;防护等级为甲类防核武器六级,防常规武器六级;防化等级为丙级。

三、规划设计方案

（一）布局理念

方案整体布局通过主体建筑将用地分为内外两区,内区是内部办公空间及围合的休憩庭院,外区是以保障综合楼为中心的开放空间,一内一外,一静一动,一虚一实,恰似中国太极的阴阳两仪,互为补型,生生不息（图 4-4）。

（二）交通流线分析

项目用地对外交通依托于西侧和北侧道路,面向西侧道路设置两个疾控中心主要出入口,北侧道路设置两个车行口,分别为疾控中心次要出入口、急救中心和监督执法局专属出入口,靠近用地出入口设置地下室坡道,尽可能减少用地内车辆穿行,场地内部道路成分区成环,保证疾控中心人流物流的便捷到达(图 4-5)。

图 4-4　方案概念图

　　主要人行出入口
　　主要车行出入口
←→ 车行流线
←→ 人行流线
←　 疾控中心样品送检流线
←　 疾控中心污物流线
▓▓ 地面停车位
▓▓ 地下车库出入口

图 4-5　交通流线图

1. 车行流线

园区设有两个车行出入口，分别位于西南角于东北角。场地内车行交通结合建筑线型布局形成环形道路，兼做消防车道。在基地出入口附近就近设置地下车库出入口，最大限度地减小地面机动车流量，构建良好的地面景观环境。在主入口广场附近酌情配建少量地面停车位等。

2. 人行流线

基地北侧临主入口广场设置公共卫生中心主入口，通过入口广场连通北侧兰台路。主入口广场东侧设置急救中心和卫生计生综合监督执法局主出入口，连通园区内部道路。此外，基地西侧单独设有疾控中心人行出入口，通过室外广场连通西侧桔乡路；场区内各建筑功能均设置了独立的人行出入口，整个地块的人行交通围绕基地内的广场依次展开，互不干扰。建筑围合形成内部中心花园，为本项目业务技术人员提供良好的工作环境。

3. 项目平战流线组织

（1）平时流线。

业务办公及对外业务流线：可分别通过各自首层门厅内的垂直交通体组织交通。

洁净物品流线：通过附设在场区的专用洁梯组织清洁品水平及垂直流线。

污物流线：通过实验楼东侧的污梯组织污物流线，在地下一层靠近污物电梯处设置医疗垃圾和生活垃圾暂存间，分时段统一运出园区，达到洁污流线分离。

（2）战时流线。

重大疫情发生时，各功能区的独立门厅关闭，统一经过保障综合楼首层公共门厅进入建筑内部，便于疫情防控管理。保障综合楼内设专属楼电梯直达公共应急指挥中心。

4. 消防流线图

本项目疾控中心业务楼为 6 层、实验楼为 7 层建筑，属一类高层公共建筑。场地内形成环路满足消防要求，高层建筑四周设有 4～6m 宽环形消防车道,转弯半径不小于 12m,满足消防车通行要求。基地内部道路形成消防环路。高层建筑周边布置消防登高场地,消防登高场地距离建筑 5～10m,宽度不小于 10m,长度不小于建筑长边。消防车道的路面、救援操作场地、消防车道和救援操作场地下面的管道和暗沟等,能承受重型消防车的压力。如图 4-6 所示。

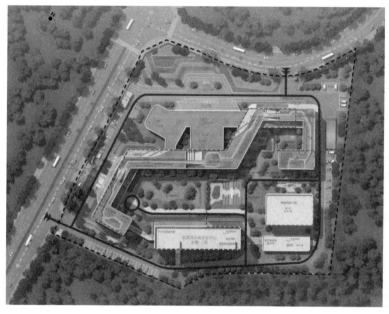

　　　　　　　　　　　　　　　　　　　　　┅┄┄┅ 城市干道
　　　　　　　　　　　　　　　　　　　　　━━━ 消防流线
　　　　　　　　　　　　　　　　　　　　　▇▇▇ 消防登高面

图 4-6　消防流线图

5. 竖向分析

　　场地北高南低,南北高差约 4.5m,设计中充分考虑场地高差关系,利用场地高差处理成地下一层,使场地内部核心区相对平整,利用西侧局部道路放坡,与城市道路顺接,使场地内部交通便捷通畅。本项目为公共建筑项目,对周边建筑无日照影响。道路竖向图和地上部分分期建设示意图如图 4-7～图 4-9 所示。

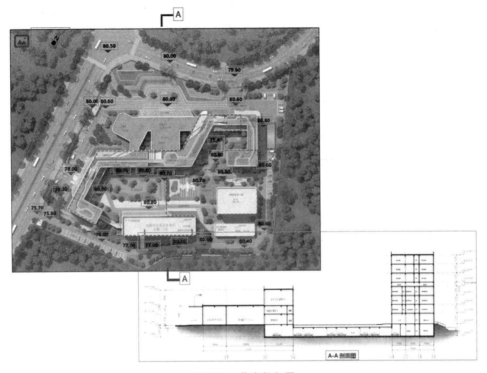

图 4-7 道路竖向图

一期建设
部分
二期建设
部分

图 4-8 地上部分分期建设示意图

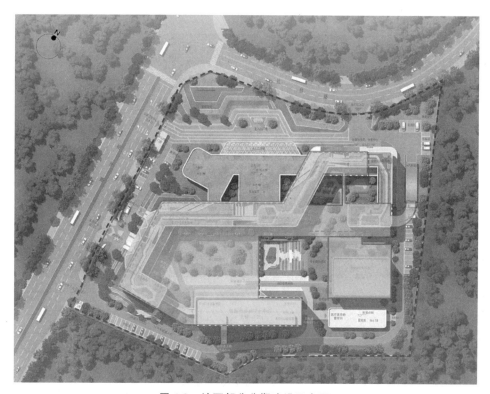

图 4-9　地下部分分期建设示意图

（涂卫兵　王翼飞）

第二节　设计思想和理念

一、新发展理念在大楼设计中的体现

宜昌市公共卫生中心谋划、设计、建设，以习近平新时代中国特色社会主义思想为指导，全面贯彻新时代党的卫生健康工作方针，立足新发展阶段，坚持新发展理念，融入新发展格局，坚持以改革创新为根本动力，推动公共卫生事业高质量发展。依据新形势下加强公共卫生体系建设，改革完善疾病预防控制体系，促进卫生健康事业高质量发展的总要求，建设单位、代建单位、EPC承建单位坚持将创新、协调、绿色、开放、共享等新发展理念贯彻到公共卫生中心设计中。

根据宜昌市疾控中心作为专业公共卫生技术服务机构的特点,中心又针对性提出了标准化、智慧化、人性化的设计、建设要求。

标准化:疾控中心作为国家举办的专业的公共卫生技术服务机构,其建设与运行必须符合国家的相关法律、法规和技术规范的要求,符合国家现行有关疾病预防控制建设标准的规定。

智慧化:智慧化主要体现在中心设计、建设充分考虑万兆网络通信技术、5G智能网络技术、窄带物联网(NB-IoT)技术、Wi-Fi6技术的应用以及人机交互性的体验方面。

人性化:人性化设计是以人为本的发展理念的重要体现,人性化设计及建设主要包括两方面,一是针对公共卫生服务对象的人性化考虑;一是针对公共卫生中心自身员工的人性化考虑。

二、公共卫生体系在大楼设计中的体现

为贯彻落实习近平总书记关于"全面提高依法防控依法治理能力、健全国家公共卫生应急管理体系"重要论述,进一步健全我市公共卫生应急管理体系,提高应对突发重大公共卫生事件的能力水平,按照国家发改委、国家卫生健康委关于加强疾病防治控制体系项目建设的安排部署,宜昌市提出建设宜昌市公共卫生中心项目。

宜昌市公共卫生中心借鉴国家、省卫生健康委有关建设标准和运作模式,整合宜昌市疾控中心、宜昌市急救中心(120)、宜昌市卫生计生综合监督执法局、宜昌市突发公共卫生事件应急指挥中心现有资源,对于完善我市疾病预防控制体系,提高疾病预防控制物资和技术储备水平,增强疾病预防控制特别是应急处置能力,将发挥重要作用。项目集疾病预防、指挥调度、急救培训、应急处置、综合监督、食品监测等相关功能于一体,通过信息化平台,实现突发事件的危机判定、决策分析、命令部署、指令下达、实时沟通、联动指挥、现场援救等任务的高效运作,将成为区域性疾病防控和卫生应急指挥中心。

疾控中心是公共卫生体系中的关键技术服务与支撑部门,卫生监督是保证各种卫生政策有效实施,确保贯彻落实各项卫生法律法规带有较

强行政职权的执法部门。开展健康监测和评价、基于监测和评价结果提出政策和制度建议将健康融入所有政策是疾控部门的强项;保障政策和制度落实到具体公共卫生行动中是卫生监督部门依靠法律法规监督执法的重要职能。将卫生监督和疾控机构统一到公共卫生中心建设可以整合资源,优势互补,增强疾控工作话语权,加强疾控预防控制力度,强化卫生监督技术支撑,提高卫生监督专业性、权威性。卫生监督和疾控机构整合到公共卫生中心,是完善治理体系,提升治理能力的重要措施,打造一个集专业技术支撑和行政监督的新联合体,进一步加强疾控部门在处理公共卫生事务中的角色与职能,切实推进疾病预防控制法规体系现代化建设。

宜昌市公共卫生中心建设包含宜昌市 120 急救中心(法人单位),宜昌市突发公共卫生事件应急指挥中心(非法人单位),通过一定整合,将进一步提升我市突发公共卫生事件应急指挥、综合调度、现场救治协同水平和能力。

三、具有宜昌市特色的元素在大楼设计中的体现

1."行云"

"行云"理念的解读分为两个层次:首先通过对宜昌山水印象的抽象提炼,"行云"可作为宜昌自然生态的象征;其次国家大力发展"新基建",并倡导"以新发展理念为引领,以技术创新为驱动,以信息网络为基础"的发展模式,而采用云技术为城市提供服务正成为趋势,我们希望本次设计是面向未来的设计,是一种引领。为此,我们将建筑顺应山型地势摆布,使建筑面向西侧形成大气舒展的城市形象,根据功能需要,通过屋顶高低起伏,与东南侧山体天际线呼应,建筑底层以绿化坡地为主,仿佛自然山体的延续,建筑上部以横向白色线条为主,强调舒展灵动的建筑气质,使建筑如同漂浮于山间的一片白云,舒展流畅,浪漫且优美(图 4-10~图 4-12)。

图 4-10　宜昌山水印象的提炼

图 4-11 行云设计理念

图 4-12 科技云、共享云、服务云

2. 绿色长江、生态宜昌

设计方案将山体绿化进行自然延伸,通过底层绿坡,空中绿化庭院,顶层绿化平台形成立体的,多层次的生态景观空间,顶部屋顶绿化将各单位连成整体,为工作生活其中的人们提供了丰富的活动场所。通过合理分配用地,使得项目既有开阔的前广场又有优美的中心花园,中心花园与南侧的自然山体有机融合,形成整个宜昌市公共卫生中心的生态花园。整个建筑形态宛如流经宜昌的长江一样,蜿蜒曲折,却又生生不息,建筑自身仿佛化作宜昌山水有机地融入宜昌绿色生态的城市环境。项目整体为宜昌人民展现了一幅青山绿水,人与自然和谐共生的美丽画卷,必将成为"绿色长江,生态宜昌"新的城市名片(图 4-13)。

图 4-13 绿色长江、生态宜昌

四、理念在实践中的落实情况

（1）创新。结合宜昌市实际，以宜昌市疾控中心、宜昌市卫生计生综合监督执法局、宜昌市急救中心（120）三家独立法人单位及宜昌市突发公共卫生事件应急指挥中心非法人单位打造宜昌市公共卫生中心，不同于外地公共卫生（临床）中心，另外推进湖北省鄂西南（宜昌）重大疫情救治基地项目，形成宜昌特色的重大疫情防控和救治体系。将现代科学技术发展成果充分应用到宜昌市公共卫生中心设计中。充分利用5G、Wi-Fi 6打造智慧园区；按照现代智慧实验室标准设计全新疾病预防控制实验室。在具体实施上一是采用了 BIM（building information modeling）建筑信息模型技术，一种应用于工程设计、建造、管理的数据化工具，以三维图形为主、物件导向、建筑学有关的电脑辅助设计，目的在于帮助实现建筑信息的集成，从建筑的设计、施工直至项目终结，所有的信息都会集合在一个三维模型的信息数据库；二是采用了设计、施工、实验室三联合的 EPC（engineering procurement construction）模式，可缩短工期，节约成本。

（2）协调。适应和满足社会对疾病预防控制和服务的需求，从宜昌市基本市情出发，坚持科学、合理、实用、规范、节约的原则，正确处理现状与发展、需要与可能的关系，既满足公共卫生工作现实需要，又考虑未来5～10年发展需要，与宜昌市区域性中心城市及省域副中心城市地位相匹配，建设省内领先，国内一流的公共卫生中心。

（3）绿色。在设计理念上充分考虑宜昌市处于长江中上游分界点，"水至此而夷、山至此而陵"特点，以行云为建筑主体理念，打造山水宜昌、人文宜昌的崭新公共卫生中心。在具体布局上控制建筑高度，与周围小型山体和建筑融为整体，利用地势高差建设下沉广场；设计屋顶花园等大面积绿化，整个建筑外立面颜色与周围环境协调，融为一体。

（4）开放。宜昌市公共卫生中心规划建设了中国卫生防疫历史实物资料展览馆、健康教育与促进基地、12320卫生热线、医学动物标本室，并将这些对社会公众开放的区域相对集中布置于公共卫生中心主入口区域，将成为展示疾控文化与精神、传播健康理念与知识，搭建公共卫生交流与合作的重要平台。

（5）共享。宜昌市公共卫生中心建设整合了宜昌市疾控中心、宜昌市卫生计生综合监督执法局、宜昌市急救中心(120)三家独立法人单位，充分考虑了共享发展理念。在配电房、洗消室、门卫室、通信网络等基础设施建设上共建共享；在职工食堂、职工书屋、多功能活动室、会议室等保障功能用房上共建共享。同时，宜昌市疾控中心将在原信息所基础上建设宜昌市健康城市大数据管理中心，将进一步推进健康大数据应用共享。

（6）标准化。中心在谋划、设计过程中严格遵守有关法律、法规及技术标准要求。依据2014年中央编办、财政部、原国家卫生计生委发布的《关于疾控中心机构编制标准指导意见》、原国家卫生计生委《关于印发疾控中心岗位设置管理指导意见的通知》明确宜昌市疾控中心基本职责、编制人员、内设机构；依据《疾控中心建设标准》(建标127—2009)确定疾控中心的建设规模及实验室建设规模、投资规模；依据《疾控中心建筑技术规范》(GB 50881—2013)进行中心的建筑设计、施工和验收。

（7）智慧化。为全面提升疾病预防控制机构应对重大疫情的能力，加强公共卫生应急信息化建设，推进公共卫生领域健康大数据应用，推进精细化、智慧化管理,专门提出信息化建设项目方案。建设工程综合考虑智能化大楼建设要求,按照"5A"系统理论,包括楼宇自动化(BA)、通信自动化(CA)、办公自动化(OA)、安全自动化(SA)和消防自动化(FA)进行规划,满足办公自动化、统一布线、集中监控、安防消防等设施集中智能化管理要求。

(8)人性化。公共卫生中心设计建设了针对员工需求的系统服务设施设备。设计建设基于健康单位要素,建设有健康食堂、健康步道、羽毛球场、篮球场;中心学术报告厅兼做多功能活动室,所有桌椅可自动收缩到后场,使学术报告厅可变身为职工室内活动场馆,并配有职工演出化妆间;建有职工书屋;按照标准间建设应急值班室,职工办公桌带简易折叠床铺可作为员工临时休息用;主业务楼设计有一定数量的露台,屋顶建设有屋顶花园;建有针对哺乳期女职工母婴室。公共卫生中心设计建设了针对服务对象和来访者需求的系统服务设施设备。健康体检中心设置完善的无障碍设施,建有母婴室、第三性卫生间。建有智能停车管理系统,总停车位达到300多个。中心建有健康教育体验基地、中国卫生防疫历史实物资料展览馆、医学动物标准本室,可使社会公共更直观认识疾控,获得健康知识、健康理念。

(涂卫兵　周红雨　王翼飞)

第三节　设计案例的专业评估

一、建筑学评估结果

《宜昌市公共卫生中心建设工程项目初步设计》于2020年11月2日通过专家评审,于2020年12月14日取得宜昌市发展和改革委员会正式批复。

(一)初步设计专家评审会

2020年11月2日下午,受宜昌市发展和改革委员会委托,浙江五洲工程项目管理有限公司湖北分公司在宜昌市组织召开了《宜昌市公共卫生中心建设工程项目初步设计》(以下简称《初步设计》)专家评审会。参加会议的有宜昌市发展和改革委员会、宜昌市疾控中心、宜昌国投集团建设管理有限公司等部门和单位的代表,会议邀请了建筑、结构、给排水、电气、暖通、造价等专业的专家组成专家组。与会专家和有关单位代表会前踏勘了项目现场,会上听取了项目建设单位宜昌市疾控中心和《初步设计》编制单位中南建筑设计院股份有限公司对项目的介绍,审阅了《初步设计》和相关资料,并进行了讨论和质询(图 4-14～图 4-16)。

图 4-14　与会专家和有关单位代表会前踏勘项目现场

形成主要评审意见如下。

1. 总体评价

该项目《初步设计》编制内容较完整,编制方法及深度基本符合国家相关规定,建设规模和建设内容基本符合可行性研究报告批复文件精神,专家组原则同意通过《初步设计》评审,经修改完善后,可作为下阶段工作的依据。

图 4-15　《初步设计》专家评审会

《宜昌市公共卫生中心建设工程项目初步设计》
专家评审会专家组评审意见

2020 年 11 月 2 日下午，受宜昌市发展和改革委员会委托，浙江
五洲工程项目管理有限公司湖北分公司在宜昌市组织召开了《宜昌市
公共卫生中心建设工程项目初步设计》（以下简称《初步设计》）专家
评审会。参加会议的有宜昌市发展和改革委员会、宜昌市疾病预防控
制中心、宜昌国投集团建设管理有限公司等部门和单位的代表。会议
邀请了建筑、结构、给排水、电气、暖通、造价等专业的专家组成专家
组（名单附后）。

与会专家和有关单位代表会前踏勘了项目现场，会上听取了项目
建设单位宜昌市疾病预防控制中心和《初步设计》编制单位中南建筑
设计院股份有限公司对项目的介绍，审阅了《初步设计》和相关资料，
并进行了讨论和质询，形成主要评审意见如下：

一、总体评价

该项目《初步设计》编制内容较完整，编制方法及深度基本符合
国家相关规定，建设规模和建设内容基本符合可行性研究报告批复文
件精神，专家组原则同意通过《初步设计》评审，经修改完善后，可
作为下阶段工作的依据。

二、主要意见及建议

1. 完善可研执行情况及对比说明；

2. 完善建筑节能专项说明，统一外墙节能构造；

3. 进一步优化结构柱网设计方案；

4. 核实工程量及单价，调整投资概算。

专家组组长签名：　李小兵

专家组成员签名：

林进　　周利华　龙增强　张斗

方军　　曾建新

2020 年 11 月 2 日

图 4-16　《初步设计》专家评审意见

2. 主要意见及建议

（1）完善可研报告执行情况及对比说明。

（2）完善建筑节能专项说明，统一外墙节能构造。

（3）进一步优化结构柱网设计方案。

（4）核实工程量及单价，调整投资概算。

（二）评审专家意见修改说明

中南建筑设计院股份有限公司于 2020 年 11 月 2 日收到《宜昌市公共卫生中心建设工程项目初步设计》专家评审会专家意见后立即组织各专业人员逐条回复，于 2020 年 11 月 12 日形成全专业修改情况说明，该修改情况说明于 2020 年 12 月初经专家组审核同意（图 4-17）。

图 4-17　《初步设计》评审专家意见修改说明

（三）项目初步设计批复

宜昌市发展和改革委员会根据委托咨询评估意见于 2020 年 12 月 14 日对《宜昌市公共卫生中心建设工程项目初步设计》中项目名称、建设地址、建设内容、建设规模、投资概算、建设工期等主要内容进行了批复（图

4-18)。

宜昌市发展和改革委员会文件

宜发改审批〔2020〕293号

宜昌市发改委关于宜昌市公共卫生中心
建设工程项目初步设计的批复

宜昌市疾病预防控制中心：

你中心关于《宜昌市公共卫生中心建设工程项目初步设计的请示》（宜市疾控〔2020〕37号）收悉。我委于2020年7月以宜发改审批〔2020〕135号文批复该项目的可行性研究报告，经委托咨询评估，现就该项目初步设计有关内容批复如下：

一、项目名称及代码

项目名称：宜昌市公共卫生中心建设工程项目

项目代码：2020-420584-84-01-009774

二、项目建设地址

宜昌市高新区柑乡路与兰台路交汇处东南侧。

三、项目建设内容及规模

项目总建筑面积36475.87平方米，总建筑面积42700平方米，其中：地上建筑面积32500平方米，包括疾控中心实验楼11000平方米、疾控中心业务楼、保障综合楼、监督执法用业务楼、急救中心等20960平方米、配电房及医疗废弃物暂存间460平方米、门卫80平方米；地下建筑面积10200平方米，包括设备用房、仓库及停车库等。1栋7层的疾控中心实验楼；1栋4-6层的综合楼（包括疾控中心业务楼、保障综合楼、监督执法业务楼、急救中心等）、1栋1层配电房及医疗废弃物暂存间、门卫以及地下1层的地下室等。同时配套建设装饰装修工程、给排水工程、电气工程、暖通工程、消防工程、电梯、道路广场、绿化景观、排洪沟治理等附属工程及相关设备设施。

四、投资概算

项目概算总投资43166.11万元，其中：建安工程费32834.06万元、工程建设其他费1982.39万元、基本预备费696.33万元、土地费4094.68万元、专项费3558.65万元（包括试验台、生物安全柜、网气、配气及燃气工程、供水报装、供配电系统及电杆杆桩等费用）。

五、项目建设工期

项目建设工期为34个月。

本批复文件有效期2年，自印发之日起计算，请据此执行。

复抓紧开展施工图设计和部件招标等前期工作，加强项目监管，确保工程建设质量和安全。

附件：工程投资概算汇总表

宜昌市发展和改革委员会
2020年12月14日印发

图4-18　宜昌市发改委对《初步设计》的批复文件

二、生态环境影响及环境保护

（一）运营期大气环境影响分析

项目运营期进出项目区的汽车尾气污染，主要成分包括HC（碳氢化合物）、CO（一氧化碳）、NO_2（二氧化氮）、颗粒物等，进入项目区域的汽车大部分进入地下停车场，极少数为地面停车，且分散布置于项目区域内，污染物排放浓度较低、周边地势宽阔，扩散条件较好，因此地面停车场的机动车尾气对周围环境的影响不大。

（二）运营期水环境影响分析

项目投入使用后，污水主要来自生活污水和医疗废水。场地内生活污水包括冲厕排水、盥洗水和洗浴排水、地面卫生保洁废水等，通过污水管道排入市政管网。

运营期间的医疗废水经项目建设的独立医疗废水处理装置处理达标后排入市政污水管网。

（三）运营期噪声环境影响分析

本项目噪声源包括中心配套使用的空调设施，进出车辆产生的交通噪声。运营期产生的空调设施噪声向外传播时需隔2~3层墙体,其隔声量达到30~40dB,因此不会对周边环境产生不良影响。

(四)运营期固废环境影响分析

本项目建成后产生固体废物主要为普通固体废物和医疗废物:即生活垃圾和医疗垃圾。设置垃圾集中收集点,对生活垃圾进行集中、分类收集,每日由环卫部门清理运走进行无害处理。

运营期间医疗垃圾设置专门的医疗垃圾收集点,与宜昌市区具有医疗垃圾处置资质的机构或单位合作定期由专门的医疗垃圾运输车运走处理。

(五)运营期生态环境影响分析

为了建设美化公共卫生中心环境,关于绿化问题,项目建设初期在设计时已予以规划,保证绿化率达到规划要求。具体措施包括在建筑场地周围布置草坪、绿树,在场地内建休闲广场。

(六)环境影响评价

综上所述,本项目建设区域环境质量较好,项目产生的环境污染物在采取防治措施后,完全可以达到环境保护的要求,不会对周围环境造成污染。项目建设周围没有敏感的环境保护对象,不会对历史文化遗产、风景名胜和自然景观造成不利影响。

从环境保护而言,项目的建设是可行的。

(李晓明)

第四节 宜昌市公共卫生大楼建设 经验的推广和应用

一、特色的大楼项目介绍

(一)集中办公、相对独立、集约节约

本着总体规划,协调发展,集约节约的原则,宜昌市公共卫生中心的

项目建设由三家业主单位构成，包括宜昌市疾控中心、宜昌市卫生计生综合监督执法局和宜昌市急救中心。

(二) 为加快建设进度，采用 EPC 工程总承包建设模式

根据《房屋建筑和市政基础设施项目工程总承包管理办法》(〔2019〕12 号)等文件要求，为提高项目建设质量，缩短工程建设周期，本项目按照工程总额下浮方式确定中标单位，采用工程总承包(EPC)建设模式。

EPC 总承包模式(又称交钥匙模式)，是设计-采购-施工(engineering, procurement and construct)一体化的承发包模式，是一种包括设计、设备采购、施工、安装和调试，直至竣工移交的总承包模式。其首先由建设单位作为业主将建设工程发包给总承包单位，然后由总承包单位承揽整个建设工程的设计、采购和施工，并对所承包的建设工程的质量、安全、工期、造价等全面负责，最终向建设单位提交一个符合合同约定、满足使用功能、具备使用条件并经竣工验收合格的建设工程的承发包模式。

二、特色科室和职能的介绍

宜昌市健康教育所、市健康城市大数据管理中心是宜昌市疾控中心比较有特色的科室。

(一) 宜昌市健康教育所

宜昌市健康教育所在履行健康教育与健康促进基本职责外，还承担 12320 卫生热线管理、宜昌市疾控中心健康教育基地、中国卫生防疫历史实物资料展览馆建设及管理。

1. 12320 健康热线

"12320"卫生热线在公开政策信息、传播健康知识和突发公共卫生事件投诉举报及风险沟通中发挥了重要作用，已经成为卫生健康部门与公众沟通联系的桥梁和纽带。公共卫生中心建成后，通过软硬件建设，将进一步提升 12320 功能，实现人工话务、语音和留言服务的导航；充分利用宜昌市健康管理大数据分析中心资源，通过群发、点对点发送短信的方式，传播健康防病知识，开展健康宣教和干预，提醒公众关注公共卫生热点问题等;借助智慧宜昌人口大数据平台,在市民 e 家手机 App 平台增设"12320 热线"健康咨询栏,提供常见防病与健康知识查询及电话服务链接。

2. 宜昌市疾控中心健康教育基地

宜昌市疾控中心健康教育基是全国疾控系统首家全国健康促进与教育示范基地,有健康知识长廊、健康教育资源库、健康行为体验区、健康教育数字录播室、病媒生物标本室、疫苗展览厅、荣誉室、健康教育特色基地等八大功能区。公共卫生中心建成后,宜昌市疾控中心健康教育基地规模将进一步扩大、健康教育形式和内容将进一步丰富,将成为推进健康宜昌建设的一个重要载体和窗口。

3. 中国卫生防疫历史实物资料展览馆

2018 年 12 月 22 日,中国卫生防疫历史实物资料展览馆在湖北宜昌揭牌。展览馆以"初创、建立、文革、恢复、健全、发展、改革"七个历史时期为主线,借助实物、资料、影像等多种形式,梳理展示了卫生防疫、疾病预防控制事业发展的脉络。公共卫生中心建成后,中国卫生防疫历史实物资料展览馆占据中心主入口左侧显著位置,总体呈独立建筑,占地 600m², 规模将进一步扩大,将更好发挥铭记防疫历史,弘扬疾控文化,传播健康理念功能。

(二)宜昌市健康城市大数据管理中心

宜昌市健康城市大数据管理中心主要职责是制订宜昌市健康大数据建设与发展规划并组织实施。整合健康信息资源,推进健康城市大数据开放、共享和分析利用,建立并完善跨部门协同、共享机制,指导各县市区及市直医疗卫生机构开展卫生信息系统建设。促进医疗卫生机构间信息互联互通、协同应用,推动居民动态健康档案应用、全生命周期健康医疗信息化管理及服务等研究工作。开展健康大数据挖掘、分析工作,建立数字化健康城市监控和评估体系,协助开展健康城市影响因素研究,促进将健康融入所有政策。推进健康服务和健康产业发展,开展健康大数据对外科研协作,推动成果转化。

2014 年以来,宜昌市大胆探索实践了新型"智慧城市"一体化建设的新路径,形成了特色的网格综合采集、部门交换共享的城市大数据体系,建立了一数一源的信息关联比对、核查修正机制。在智慧城市建设框架下,宜昌市疾控中心在宜昌市卫生健康委的领导下,主导建设了健康管理大数据分析中心。健康管理大数据分析中心建成来,搭建健康管理大数据平台,实现部门间数据交换共享;建立动态居民电子健康档案,实现全生命周期的健康管理;依托健康管理大数据分析中心,实现疾控与健康管理的信息化、智慧化;依托"互联网""物联网"新技术,实现精准的健康管理服务;开展大数据科研合作与分析利用,实现健康大数据应用价值。

新设立的宜昌市健康城市大数据管理中心将进一步加强信息技术在健康管理、慢性病防治、传染病防治、免疫预防、健康教育、职业卫生、公共卫生监测、卫生检验、党务建设、行政管理等领域的深化和创新应用,促进信息技术与疾病预防控制和健康管理业务深度融合,推进互联网＋健康管理服务创新,助力以治病为中心向以健康为中心模式转变,为公共卫生服务体系完善和服务质量提高、疾病预防控制和健康管理业务能力提升、居民健康服务优化和健康水平提升、公共卫生与健康协同发展提供全方位的支撑。

三、大楼建设宣传工作的开展

(一) 周报制度

为有效推进项目建设,对建设中存在的问题和困难及时向上级部门反馈,宜昌市疾控中心基建办公室每周对项目进展进行总结,以周报的形式下发参建各单位,同时上报发改、财政及上级主管部门。

(二) 现场展示

为提升项目影响力,更好地展示参建各单位,在项目现场充分利用各种形式,全方位立体化进行宣传。

(三) 新闻媒体

通过重大事件和关键节点,充分利用新闻媒体进行宣传报道,通过介绍项目建设内容和建设速度,让更多的人了解和支持本项目建设。

四、建设经验的交流与学习

(一)党建引领

认真贯彻落实党的十九大精神,贯彻落实上级关于党建品牌创建活动的实施意见,继续推进"两学一做"学习教育常态化制度化,强化党建引领作用,把党建工作的组织优势转化为项目建设的管理优势,积极探索党员群众争先创优新思路、新举措,推动党建工作与经营工作有机融合,更好地促进项目建设,在项目工地开展了"打造红色堡垒共建五星工程"活动。

以建设质量星、进度星、安全星、效益星、廉洁星"五星项目"为目标,对每个建设工程项目组建一个共创"五星"活动组,分别明确一名党建组长、一名项目组长,将建设项目的使用单位、代建单位、施工及监理单位等三方相关党员及工作人员全部纳入活动组,形成共创"五星"项目和"五星"党员(简称共创"双星")的良好格局,以更好地推动公司项目建设,促进党建工作与经营工作深度融合。

(二)项目代建

按照宜昌市人民政府办公室关于印发《宜昌市市级政府投资项目代建制实施办法(试行)》宜府办发〔2017〕55 号文件要求,对非经营性政府投资项目建设实施代建制。2020 年 3 月 25 日宜昌市公共卫生中心建设项目正式立项,依据宜昌市发改委关于《宜昌市公共卫生中心建设工程项目建议书的批复》宜发改审批〔2020〕24 号文件,项目代建管理核准意见同意采取委托方式进行代建。

实行代建制项目建设业主单位将前期工作委托代建单位,并通过选择专业咨询机构完成,可行性研究等工作不仅需达到国家规定的深度要求,更重要的是必须满足项目后续工作的需要。前期决策阶段所确定的建设内容、规模、标准及投资,一经确定,便不得随意改动,使得前期工作的重要性和科学性得到切实体现。同时,在代建制下,项目建设业主单位需根据合同约定,按照项目进度拨付工程款,因此,项目建设业主单位必须比以往更加重视项目资金的筹措和使用计划,排出项目重要性顺序,循序渐进，量力而为。

在项目管理上，改变了项目建设业主单位对政府投资项目的管理一般是行政式的管理，项目负责人一般由单位负责人兼任，基建班子也都是从单位中临时抽调的人员。有时候，尽管业主是最重要的角色，但管理团队中连一个行家也没有，在这种情况下，使用单位对于项目的管理必然是低水平的管理，并进而影响工作效率的优化。同时，由于人力、物力的分流，必然对使用单位日常工作的开展产生不利影响。

代建制下，通过代建单位往往是专业从事项目投资建设管理的咨询机构。它们拥有大批专业人员，具有丰富的项目建设管理知识和经验，熟悉整个建设流程。委托这样的机构代行业主职能，对项目进行管理，能够在项目建设中发挥重要的主导作用，通过制订全程项目实施计划，设计风险预案，协调参建单位关系，合理安排工作，能极大地提升项目管理水平和工作效率。而使用单位也可从盲目、烦琐的项目管理业务中超脱出来，将精力更多的放到本职工作上去。

（三）充分论证，多地考察

项目立项前期积极联系国内疾控系统起步较早的单位，开展学习和交流，了解建设中的不足和先进经验，从而建设有宜昌疾控特色的公共卫生中心。

（四）专家评审

为做好项目建设工作，从设计开始多次邀请国内专家开展项目评审，在方案设计、可研报告、初步评审、实验室专项设计、环节评审等环节，反复论证并形成意见和建议。

（刘　军　周红雨　蒋　笑）

第五章　黄冈市疾控中心整体搬迁项目

第一节　大楼的基本情况

一、项目概况

项目用地处于黄冈市城东新区白潭湖大道以东，东安路以北，与规划中的鄂东医疗救治中心新区比邻。用地范围沿西北至东南呈狭长四方形，宽度105m，长度320m，总用地面积37897.60m²（约56.85亩）。地势相对平坦，交通发达，临白潭湖大道和东安路。整体搬迁项目由四栋大楼组成，即业务楼、应急指挥中心楼、卫生检验检测中心楼和生物安全实验室楼，预留了发展用地近1000m²。一期建设业务楼、应急指挥中心楼和卫生检验检测中心楼，加建室外配电房，建筑面积18482m²，其中地上17035m²，地下1447m²。生物安全实验室为二期，建筑面积为3923.14m²。中心周围有市政管网，中心的污水经污水处理站处理后排入管网（彩图7）。

二、规划设计效果展示

项目规划净用地面积28774.2m²，规划总建筑面积22405.14m²，其中地上计容建筑面积20958.14m²，地下室建筑面积1447m²。地上部分包括综合业务大楼4498m²，卫生检验检测中心4985m²，应急指挥中心8834m²，配电房及水泵房165m²。停车位188个（大车位7个、小车位181

个)(图 5-1)。

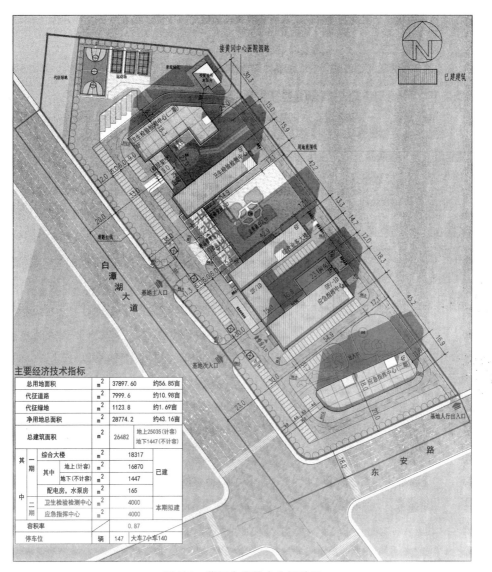

主要经济技术指标

总用地面积		m²	37897.60	约56.85亩	
代征道路		m²	7999.6	约10.98亩	
代征绿地		m²	1123.8	约1.69亩	
净用地总面积		m²	28774.2	约43.16亩	
总建筑面积		m²	26482	地上25035(计容)	
				地下1447(不计容)	
其中	一期	综合大楼	m²	18317	
		其中	地上(计容)	m²	16870	已建
			地下(不计容)	m²	1447	
		配电房，水泵房	m²	165	
	二期	卫生检验检测中心	m²	4000	本期拟建
		应急指挥中心	m²	4000	
容积率			0.87		
停车位		辆	147	大车7小车140	

图 5-1　黄冈市疾控中心设计图

(戴纯清　赵志耕　刑　燕　郑　归)

第二节 设计思想和理念

一、新发展理念在市疾控中心建设设计中的体现

黄冈是湖北省下辖的地级市,位于湖北省东部、大别山南麓、长江中游北岸,京九铁路、京九高铁中段,是武汉城市圈成员城市之一,南与鄂州、黄石、九江隔长江相望,东连安徽,北接河南。

黄冈市疾控中心建筑所在地紧邻浩瀚的白潭湖,通过一条港湾相连,设计理念:新颖、大气、实用、适宜。建筑风格突出新颖,代表新发展的现代建筑设计;楼层不高,但要与白潭湖及周边建筑巧妙地融为一体,远看要似将扬帆起航的巨轮,近看大气上档次;建筑外装修暨显示美,也不失实用,把中心业务楼、检验楼、培训楼功能通过楼与楼之间的连廊有机的结合,做到实用共享。适宜就是结合疾控中心的业务工作,合理的分区,使中心工作人员和外来办事人员很容易适应环境。总体布局要求功能分区明确,并预留发展用地。力求打造出鄂东地区设计一流、管理一流、服务一流的与国际化接轨的现代化疾控中心。营造有特色的疾控中心建设形象,形成具有绿色生态花园景观建筑。

根据中心的地理位置,周围环境及规划局的要求,主要人流及车辆出入口设在西侧白潭湖大道,人车出入口宽 12m,车流出入口宽 10m,在大门左边 20m 处设一侧门,宽 10m,为次入口。由于用地狭长,建筑主要沿白潭湖大道由北向南依次布置,主要分为 3 块区域。北面靠白潭湖河道有一条 20m 宽城市绿化带,环境优美清静,生物安全实验室及检验检测中心比邻而建,形成综合试验区,并设置篮球场、羽毛球场等,配合大面积景观绿化,使实验研究人员有一个清新的工作环境。中部为业务楼,再过去就是卫生应急指挥中心大楼,与生物安全实验室及卫生检验检测中心并排形成 4 栋大楼,形成 4 艘即将扬帆起航的巨轮,并驾齐驱驶向紧邻的宽广的白潭湖。在业务楼与卫生检验检测中心进行连廊连接,业务楼和培训中心楼也用连廊连接。在业务楼与卫生检验检测中心间形成一个宽

度达 10m、高达 8m 的过道,与中心广场相通,工作人员通过通道,过广场向右可进入业务楼大厅,向左通过通道可进入检验检测中心大厅。而生物安全实验楼独立于三栋大楼之外,既显独立又与其他 3 栋楼相互呼应。

南面为预留空地,也是一片平坦的港湾,暂时修建的停车棚像冲浪的帆船,依靠在大轮边,可停放近百台车,保留了发展的空间,为中心今后的可持续发展创造了条件。中心的景观绿化也十分重要,景观设计注重乔、灌、草的搭配和植物季节的搭配,内外结合进行设计,使得楼与楼之间都有良好的景观,四季有景。

二、公共卫生建设体系在大楼设计中的体现

2020 年利用国债资金,市疾控中心对原卫生应急大楼进行升级改造,建设黄冈市卫生应急指挥中心。目的是完善应急指挥机制,构建指令清晰、系统有序、条块畅达、互联互通、执行有力的公共卫生应急指挥体系,计划总投资 5659.49 万元,建筑面积 7863m^2,建设"五大中心",即:卫生防疫物资储备中心(地下一层)、120 指挥中心及 12320 卫生健康热线服务平台(一层)、卫生应急指挥中心(二、三层)、健康大数据中心(四层)、和卫生应急演练及实习培训中心(五层)。

黄冈市公共卫生应急指挥中心的设计采用优化工作效率的设计理念,体现了以人为本设计理念。采用内廊的布局方式,一层主要为 120 指挥中心。二层为疫情会商室,专业组办公室,杂物间,卫生间;三层为讨论室,指挥长办公室,副指挥长办公室,会议室,杂物间,卫生间;四层为数据分析室,数据机房,传染病研究室,办公室,地方病研究室,学生健康研究室,健康教育信息中心,慢性病研究室,病媒防制研究室,精神卫生研究室,职业防治研究室,检验检测信息研究中心,免疫规划研究室,应急演练室,杂物间,卫生间;五层为应急演练室,贮藏室,学员休息室,卫生应急技能培训室,卫生间;地下一层为应急物资库(戊类),出入库登记室,风机房。主要有人长时间活动的房间均沿外墙布置,每个房间均能满足通风采光的条件。能为人员日常工作创造出一个良好的办公空间,体现了一切以人为本的思想。

健康大数据中心建设为二期建设项目,计划建设信息集成平台、传染

病预测预警平台、健康教育信息平台、精神卫生信息平台等四大平台;健全疫情监测系统、病媒生物网络系统、地方病监测信息系统、学生健康监测信息系统、健康教育信息系统、精神障碍信息管理系统等六大系统。

三、具有黄冈市特色的元素在疾控中心设计中的体现

黄冈市公共卫生应急指挥中心升级改造项目是黄冈市疾控中心重点升级改造项目,对建筑形象有比较高的要求,如:体现时代进步的要求、满足大众审美水平提高、提升建筑空间品质等。但同时要考虑到建筑功能的高效性、办公场所的舒适度、当地人文环境、总体建设成本的控制等要求。所以,通过对上述现实要求及限制因素的综合考虑,设计方认为对本次建筑的设计时,应该注意严禁弃建筑本身功能不顾的"美学"。杜绝华而不实的建筑"多余附加"装饰。相反,应该在充分考虑现实条件的情况下进行"理智"的建筑设计。通过现代的设计手法、施工技术、建筑材料,塑造严谨而不呆板,活跃但不浮躁,建筑群体与单体建筑,传统与现代相结合的建筑形象。以体现现代建筑特色,领导同类型建筑审美潮流,创造崭新建筑形象。

生物安全实验室大楼更是现代建筑的展示,四层的建筑结构,以三级生物安全实验室的建设标准去设计,生物安全等级为一级,抗震设防按特许类设防,基础设计按照甲级设计。

(戴纯清　赵志耕　刑　燕　郑　归)

第三节　设计案例的专业评估

一、建筑学评估结果

(一)基本参数

黄冈市公共卫生应急指挥中心:开间:4.2m、8.4m;进深:7.9m;层高:4.5m、3.6m。

（二）装修材料

地板砖使用玻化砖,楼梯间、走道使用防滑玻化砖,会议室墙面使用木制吸音板,墙面用乳胶漆,吊顶用多晶板吊顶。外墙用银灰色钢化一体板,异性曲线造型,楼角以环形收起,生物安全实验室则采用铝扣板。

（三）内隔墙材料

外墙采用200厚的轻质加气混凝土砌块。房间、走道分隔墙、设备用房和防火墙均采用200厚的轻质加气混凝土砌块。

（四）屋面保温

挤塑聚苯保温隔热板。

（五）屋面防水材料

屋面防水等级根据《屋面工程技术规范》规定为Ⅱ类建筑。防水层耐久年限为15年以上,设防要求为需设两道防水层。本工程防水层为二层1.5厚氯化聚乙烯橡胶共混防水材料。

二、卫生学评估结果

一期建设的三栋大楼平行而立,近门端以连廊相连,近看为"山"形,寓意市疾控中心在新址稳如泰山,分别为指挥楼、业务楼和实验楼,指挥楼和实验楼分居业务楼两边,业务楼为六层,约高于指挥楼(五层)和实验楼(五层),远看为即将起航的轮船,正在乘风破浪,一往无前。

二期建设的生物安全实验室和实验基地(齐鲁实验室)项目,为一栋四层实验楼,建筑面积3923.14m²,紧邻实验楼,真正的是依山傍水,依着"山"形一期楼群,傍着白潭湖的水道,又似一条即将起航的新轮,与一期三栋楼结伴远航。

建成的四栋楼布局、功能和结构合理,既独立,又有联系,加上停车场、篮球场、中心广场、绿化带及环形通道,中心的整体建设体现了一个"新",呈现了一个"稳",展示了一个"动"。

三、设计案例的特色和不足

由于市应急指挥中心升级改造项目是在原有的应急培训楼基础上升

级改造,这就造成升级改造设计时的局限性,只能结合已建成的房屋进行内部改造,进行功能分层。按照设计要求,各层结构特点明显,一层以大厅、120指挥中心调度室为亮点;二层以综合办公区为亮点,以各防控组为主进行布置,再配以会议室和会商室等;三层以指挥长室安排为主,人性化设计,配有简易的卫生间及个人工作区;四层以非战时为主,以卫生健康大数据中心需要进行设计,设立了大数据机房两间,其余都是各专业研究室和会议室;五层以值班和培训为主,主要是办公和培训,设有多功能培训室。整体而言,公共卫生应急指挥中心以平、战结合的设计理念为主,战时以综合办公、协调、会商、调度、指挥为主,平时以卫生健康大数据信息收集、分析、汇总、发布为主。

卫生应急指挥中心充分考虑了战时停车的需要,在指挥中心边建有停车场,方便车辆停放。设有环形车道,指挥中心大门正对疾控中心侧门,方便车辆进出停放,不会造成拥堵。

(戴纯清　赵志耕　刑　燕　郑　归)

第四节　黄冈市疾控中心建设 经验的推广和应用

一、特色的大楼项目介绍

卫生应急指挥中心大楼,可以容纳近百人一起办公,大楼内设11个大小不等的会议室,还配有一个近300m² 的多功能会议室,18套标准的值班室,战时可起到指挥中心的指挥调度作用。平时可以容纳近60人的集中培训,尤其地下一层,冬暖夏凉,装备有良好的通风设备,适合保障物质的储存。

业务大楼一楼为健康管理服务中心,近300m²,可以开展近千人的健康体检。健康馆设在一、二楼东边,面积近800m²,设有生命的起源馆、健康"四大基石"馆、疾病预防控制馆和中医防治馆,可供市民前往参观学习。3~6层为疾控人员业务办公区,中心各科室工作人员多集中在此工作和学习。

检验检测楼一楼为工作人员办公区域,二、三楼设二级生物安全实验室和负压型二级生物安全实验室,可以开展一般微生物的检验检测工作。四、五楼为理化实验室,开展理化检验检测工作。

正在建设的生物安全实验室和实验基地(齐鲁实验室),以三级生物安全实验室为标准进行建设,为下一阶段高致病性微生物的检验检测和科研工作做准备。

二、特色科室和职能的介绍

健康馆是向市民普及和推广健康知识的阵地,集"看、听、动、学"于一体,进入健康馆,各种健康图谱挂满墙上,供市民慢慢品味。与动漫一体的智能电子化系统,与参观市民一起互动,更是贴近市民。加上配套的各种功能检测设备及互动运动器材,使市民在学习参观工程中,潜移默化地将健康理念深入脑海中。健康大讲堂更是专家推介健康理念的好地方(图 5-2)。

图 5-2　黄冈市健康馆

　　生物安全实验室以标准的"P3"实验室为设计建设标准,目前正在建设中,预计2021年底建成。建成后能开展高致病性微生物的检验检测工作,更能开展科技含量高的科研工作,在市一级是代表疾控中心今后发展方向的超前建筑(彩图8、图5-3)。

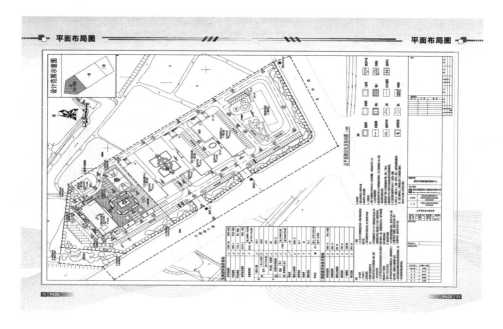

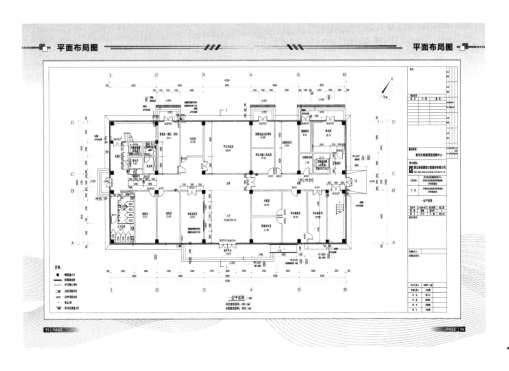

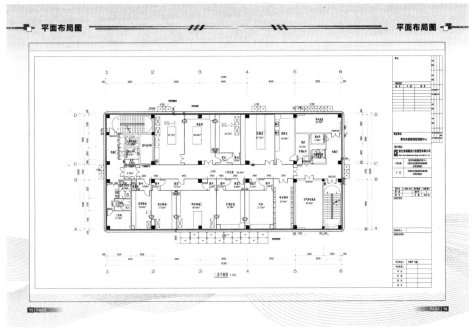

图 5-3　生物安全实验室平面布局图

三、建设经验的交流与学习

黄冈市疾控中心整体搬迁项目在设计上吸收了一些发达城市疾控中心的建设设计经验,结合黄冈市的实际,在吸收的基础上,多次请国家、省专家进行研讨后,最后确定的设计建筑方案。在建设过程中,也进行几次小的调整,建成后市民对整体建筑反映还是比较满意的,达到了设计建设的初衷。

(戴纯清　赵志耕　刑　燕　郑　归)

第六章　宜昌市长阳土家族自治县疾控中心业务综合楼

第一节　大楼的基本概况

一、建筑特征

本项目选址为长阳土家族自治县龙舟坪镇黄龙路 40 号,位于长阳县人民医院西北角。场地的南侧为城市道路黄龙路,也为整个场地的主要出入口。东侧与县人民医院宿舍相邻、北侧为二期用地,有规划城市道路(未建)。整个项目南部地块现为居民区,西、南、东均为散落居民区,占地共约 60 亩。该地段处于城区黄龙路扩宽段南边,为县城区规划区域,属中缓斜坡地段,平均海拔 140m,高差有 14m 左右,视野开阔,基础配套设施齐全。县疾控中心迁建项目与县人民医院传染性大楼和县民政局老年特护楼共同规划设计,整体布局。其中疾控中心位于该地块西边,占地 20 亩,拟分两期建设,本文介绍的业务综合楼属于项目一期(图 6-1、图 6-2)。

二、规划设计效果展示

(一)全面设计效果图展示

县疾控中心迁建项目一期用地面积为 6741.82m²,建筑占地面积 1497.87m²,总建筑面积为 6000m²。设计建筑密度 22.99%,容积率 0.92,绿地率 30.00%。地上停车位 55 个。内设检验检测中心、健康监测与体检中心、健康教育与健康科普中心等职能科室及办公配套设施（彩图9、彩图10）。

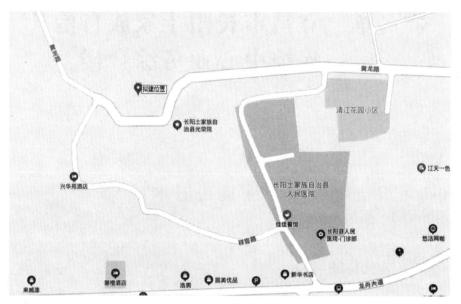

图 6-1　项目位置示意图

图 6-2　项目选址实景图

（二）平面设计效果展示

一楼 1497.87m²，为接待大厅和健康科普馆、接种门诊，层高 4.8m，兼备门房、业务接待、收费、取证、消防安全管理等功能（图 6-3）。

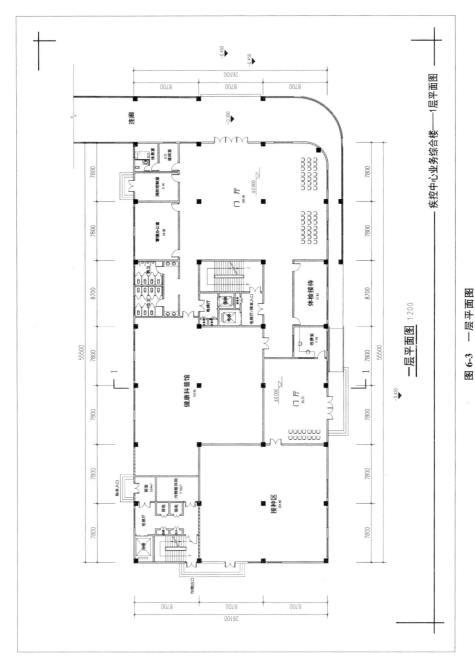

图 6-3　一层平面图

二楼为体检中心,设置有从业人员接待室、职业人员接待室、候诊室、体验室、医生办公室、男内室、女内室、五官室、电测听室、肺功能室、男心电图室、女心电图室、超声室、检验科、档案室、CR 室(CT)室。层高 3.9m(图 6-4)。

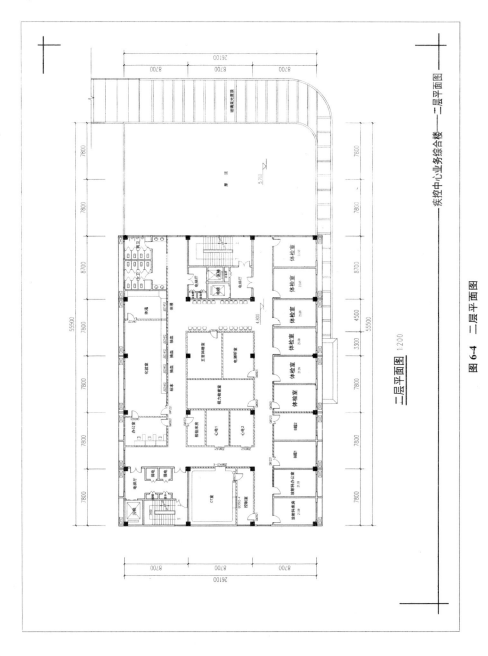

图 6-4 二层平面图

　　三楼为监测科和检验办公室,设置有:病媒防治科(办公室、监测仪器室、标本室、档案室);职业病防治科(职业病咨询室、职业卫生监测仪器室、档案室);学校卫生科(心理咨询室、仪器室、档案室);环境卫生监测科(监测仪器室、档案室);层高 3.9m(图 6-5)。

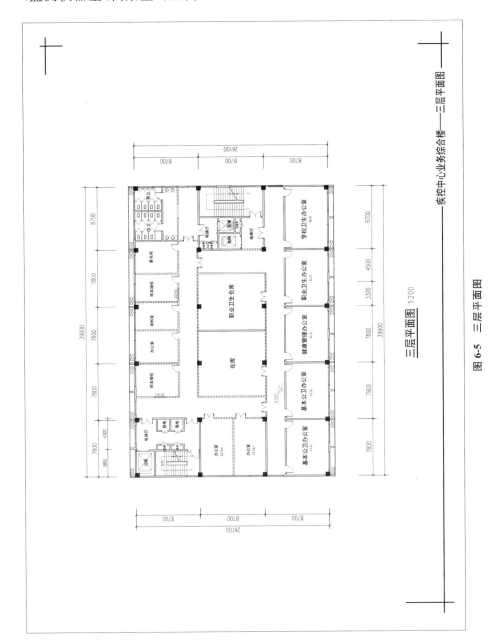

三层平面图 1:200

疾控中心业务综合楼——三层平面图

图 6-5　三层平面图

四楼、五楼为检验检测中心。层高 4.2m(图 6-6、图 6-7)。

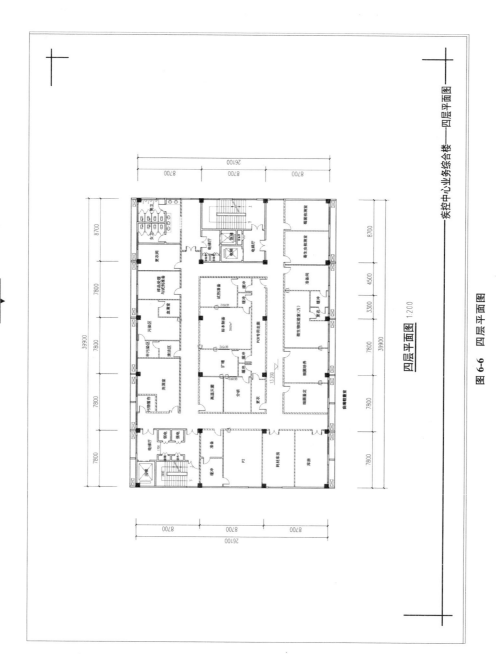

图 6-6 四层平面图

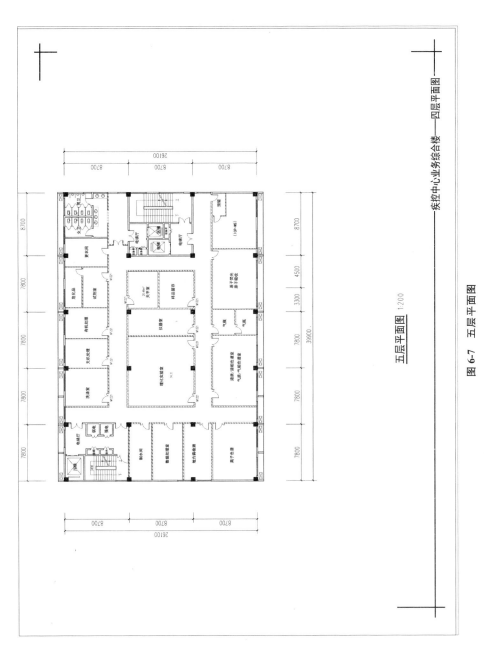

五层平面图 1:200

图 6-7　五层平面图

（彭　玉　李子俊）

第二节 设计思想和理念

一、新发展理念在大楼设计中的体现

(一)整体规划——着眼于城市的整体设计,合理预留二期建设用地

既保证了设计的建筑功能与场地完美融合,又通过对建筑高度、天际轮廓、开敞空间与视觉通廊的整体设计,彰显个性的同时,达到与城市形象的整体和谐;另外,通过市政道路规划和合理设置出入口,与周边的联系显得便捷、高效,是本项目的重要特征。同时,合理充分考虑该项目未来的发展,预留二期建设用地,并充分考虑一期、二期的衔接和整体性。

(二)绿色生态——科技与自然的融合

根据当地地理环境和气候特征,采用生态节能的建筑技术手段,营造舒适的室内外环境。设计绿化面积不小于30%,通过适宜的总体布局绿化补偿,较好地解决了建筑空间组织和室外环境、绿化的关系,通过多种植物的选择与布局,形成良好环境,诠释了"亲切、自然、舒适"的工作氛围与服务环境。并结合建筑空间布置绿化、水池、建筑小品等环境设施。景观庭院和园区绿化等设计又各自形成微气候环境,营造"源于自然、高于自然"的生态氛围。

(三)柱网规则——便于未来发展与再造

在科学做好功能分区和建筑布局、满足基本功能需要的基础上,合理布置结构柱网,尽量保证经济节约、规整对称。同时便于未来建筑的发展与再造,使得疾控中心适应时代与社会的发展。

(四)流线布局——分区清晰,避免交叉

中心的整体布局节奏鲜明、收放有致,形象设计刚柔结合、简洁有力,既体现出建筑的现代感,也呼应长阳土家族自治县土地敦厚沉稳的

性格。设计中充分考虑对流线的组织,实验办公人员流线、公众体检人员流线、污物流线区分开,设置不同的出入口,尤其避免污物流线与人流的交叉。

二、公共卫生体系在大楼设计中的体现

疾病预防控制、卫生应急、健康促进是造福人民的事业,是和家家户户密切相关的民生工程,关系到广大人民群众的切身利益、千家万户的幸福安康、经济社会的协调发展、国家和民族的未来。为贯彻落实《国家发展改革委国家卫生健康委国家中医药管理局关于印发公共卫生防控救治能力建设方案的通知》(发改社会〔2020〕735号)精神,省委、省人民政府下发了《关于推进疾病预防控制体系改革和公共卫生体系建设的意见》(鄂发〔2020〕11号),要求加快推进公共卫生体系建设,补齐公共卫生短板弱项,切实提高全省公共卫生防控救治能力。明确围绕"健康湖北"建设总目标,健全疾病预防控制体系,持续加强公共卫生应急能力建设,到2025年,公共卫生应急能力要步入全国先进行列。随后,省卫生健康委、省发展改革委、省财政厅下发了《关于加快推进公共卫生体系项目建设的通知》(鄂卫函〔2020〕63号),要求加强省市县三级疾控机构现代化建设,全面提升机构传染病救治能力,提升基层防控能力,推进卫生健康信息化建设,加强院前急救体系建设,补短板、堵漏洞、强弱项,构筑起保护人民群众健康和生命安全的有力屏障。

为了推进健康中国建设,建立和完善公共卫生服务体系,强化突发公共卫生事件应对能力,加快基本公共卫生服务、卫生应急、疾病控制等社会责任性工作持续向好发展,提出本项目的建设。建设本项目符合国家卫生政策要求,符合医疗卫生事业发展规划。项目建成后能有效改善疾控中心基础设施条件,完善设备配置。能全面完成实验室提档升级,实现网络实验室、生物实验室等标准化建设。能丰富健康中国建设和爱国卫生运动内涵,推动全社会健康理念的转变。能系统提升传染病防控和应急处置能力,建立高效的应急指挥体系。能在监测预警、病毒溯源、趋势预测研判等方面发挥支撑作用,对促进地区社会稳定与发展有着十分重要的意义。

三、具有特色的元素在大楼设计中的体现

　　建筑造型比例优美,细节丰富,气质典雅。注重建筑的"文化属性",注重传承传统文脉,体现时代精神,彰显个性气质。一是结合建筑体量及功能,建筑群体注重错落有序,层次分明。建筑单体采用深远的屋顶、暖墙列柱洞窗的墙身,宽阔的前廊,形成典雅爽朗的风貌。二是架空连廊、退台等适应长阳地理气候,形成具有轻快活泼风格的地域特色立面效果。三是将传统长阳土家吊脚楼屋檐翘角元素融入建筑中(图 6-8)。

图 6-8　特色元素参照图

四、理念在实践中的落实情况

当前业务综合楼还未竣工,但在各级部门的大力支持和建设单位、设计单位通力合作下,效果可期。

县疾控中心承担着全县健康管理、健康教育、健康促进的重任以及无烟单位、健康单位、卫生单位、文明单位的创建和指导工作,是健康中国建设在全县得以实施的抓手,但由于健康管理中心和健康体验馆等基础设施的长期缺位,导致全县这一块的工作远远处于落后位置。项目建设实施后,能进一步丰富健康中国建设和爱国卫生运动内涵,推动全社会健康理念的转变。

从为人民提供全方位、全周期的健康要求出发,长阳"以建设促改革"的要求更为迫切。基础设施建设这块短板不能补齐,将和周边县市区兄弟单位的差距越拉越大。面对当前寸土寸金的规划瓶颈,易地新建业务楼将是长阳县疾控事业发展的必然选择。只有如此,疾控中心才能科学布局,各种职能才得以最大程度的发挥。在2020年新冠疫情暴发之初,由于设施落后、布局不合理、办公场所不足,在疫情防控中暴露了很多问题,显得非常被动。项目建成后,能有效改善疾控中心基础设施条件,进一步完善设备配置。新大楼和县人民医院、民政局形成一个风格相同的建筑群,定会成为地标建筑。

通过建设适用现场的传染病监测、食品安全风险监测、水质安全风险监测、职业健康风险监测实验室,包括加强型 BL-2 实验室、PCR 实验室、现场快速检测分析实验室、理化实验室(包括化学分析实验室、光谱分析实验室、色谱分析实验室等)等,能加强基础设施和信息化建设,提升疫情及时发现和现场快速处置能力,增强实验室突发公共卫生事件和主要传染病病原体快速诊断能力,加强快速检测仪器设备和生物安全现场防护装备水平,满足现场检验检测、流行病学调查、应急处置等需要。通过加强防控物资、治疗药品等应急储备保障和统筹配置,能系统提升传染病防控和应急处置能力,建立高效的应急指挥体系。通过运用人工智能、大数据、云计算等,能提升信息化运用能力,在监测预警、病毒溯源、趋势预测研判等方面发挥支撑作用。

(彭 玉 李子俊)

111

第三节　设计案例的专业评估

一、建筑学评估结果

长阳土家族自治县城龙舟坪一带属亚热带季风型气候区,总体属于湿度适中-湿度过剩带,平均相对湿度为80%。区内最大的地表水体为长江一级支流清江河。场地地处清江河南岸、侵蚀堆积二级阶地后缘与三级阶地前缘交界的中缓斜坡地段内,地形坡度35°~40°。地势总体表现为北高南低并具有东、西两侧高、中间低的特点。场内地层由新至老分为回填土、第四系冲洪积成因粉质黏土、中沙、卵石和基岩。项目场地市政基础设施建设较完善,用地内供电、给排水、供气可直接与市政管网进行衔接。

根据《建筑工程抗震设防分类标准》(GB 50223—2008),本工程抗震设防类别为重点设防类,应按本地区抗震设防烈度确定其抗震措施和地震作用,达到在遭遇高于当地抗震设防类的预估罕遇地震影响时不致倒塌或发生危及生命安全的严重破坏的抗震设防目标。

本工程为框架结构体系,屋面为Ⅱ级防水,结构安全等级为一级,综合楼耐火等级为二级,地基基础设计等级乙级,抗震设防烈度设防6度,设计基本地震加速度值为0.05g,建筑抗震设防类别为重点设防类(乙类)。设计合理使用年限为50年。在建设中,优先使用绿色建筑的资源利用与环境保护技术,如新型结构体系、围护结构体系、室内环境污染防治与改善技术、废弃物收集处理与回用技术、太阳能利用与建筑一体化技术、分质供水技术与成套设备、污水收集、处理与回用成套技术、节水器具与设施等。采用无功补偿措施,减少线路中无功电流传输,降低电能消耗。加强材料性能、环境等指标的检测,及时淘汰落后产品,加速新型绿色建材的推广应用。尽量采用节能新型墙体材料,屋顶选用良好的隔音、隔热保温材料,门窗均采用中空玻璃以节约能耗。

综述,本项目选址条件比较理想,周边地区公用工程设施完善,有完整的道路、供电、供水、排水设施,通信线路等系统。这些公用工程都能为本项目配套。地质水文稳定性较好,地质环境基本上未遭破坏,适宜拟建工程的建设。该地块区位优势明显,场地条件能满足工程建设的要求,适合作为县疾控中心业务综合楼用地。本项目的建设符合国家疾病预防控制卫生机构的医技设备配置的发展趋势,更符合国家对医疗发展方面的新改革;符合《疾控中心建设标准》(建标 127—2009)的要求;符合发展规划的要求,并能有效地改善疾控中心整体环境;符合湖北省人民政府《关于印发湖北省卫生与健康事业发展"十三五"规划的通知》(鄂政发〔2017〕28 号)和《长阳土家族自治县城乡总体规划(2011—2030 年)》的目标要求。

二、卫生学评估结果

该项目整体布局为独立业务综合楼,但又与县人民医院感染病大楼一期相邻,在设计中严格把握与传染病大楼的安全距离,并按规范留置足够的安全防护距离。这种功能布局既能满足现有的业务综合楼高效独立运行,也能适应当前和今后疫情防控应急联动机制需要,有助于中心后期持续的发展。

生态景观概念的引入和呼应文脉的设计元素,体现了以人为本的设计理念。

功能分区明确,科学地组织人流和物流,避免或减少交叉感染。根据气候条件,合理规划了建筑物的朝向、间距、自然通风、采光和绿化等,提供了良好的工作环境。立面体造型力求在现代风格的建筑形象中创造出建筑的个性与灵动。建筑材料为石材和涂料结合,与中心原有建筑风格保持一致,营造出亲和环境、人性化的疾控中心。

该项目对卫生、环保等都进行了优化设计。一是通过使用绿色建材和对声、光、热等有效防护,能提供舒适的办公环境。二是结合建筑设计提高自然通风效率保证了室内空气品质。三是工作人员使用的洗涤池、洗手盆、化验盆均采用非手动开关,并防止污水外溅。公共卫生间内的洗手盆,小便器采用感应开关,蹲式大便器采用脚踏开关冲洗阀,防止人手接触产生交叉感染疾病。室内所用排水地漏的水封高度不小于 50mm。

四是对含有放射性物质、重金属及其他有毒、有害物质的污水,分别进行预处理,只有达到相应的排放标准后,才排入中心污水处理站或城市排水管道。五是禁止向《地表水环境质量标准》GB 3838 中规定的Ⅰ、Ⅱ类水域和Ⅲ类水域的饮用水保护区和游泳区,《海水水质标准》GB 3097 中规定的一、二类海域直接排放医疗机构污水。六是中心污水处理设施满足处理效果好、运行安全、管理方便、占地面积小、自动化程度高等要求,对周围环境不会造成污染。

三、设计案例中的特色和不足

本项目与其他两个项目以 EPC 模式共同招投标,节省了大量前期费用和资源。建设和设计确定为一家单位牵头,是统一规划布局得以实现的前提和基础。县疾控中心利用与县人民医院感染性大楼毗邻的优势,对二者进行了有效结合,不仅在外观上设计成一个具有土家特色的、带有连廊的整体,而且在实际运行中,可以相互补位,在医卫融合、医防结合方面发挥巨大优势。

该项目地处黄金地段,但和周边县市区相比,其占地面积偏小,与全县人口数不匹配,在以后相当长一段时间,依然会制约长阳疾控事业的发展。一、二期项目分两期进行,导致建设周期长。且受地形地势的影响,正负零高差近 10m,给设计和布局带来了一定的难度。

(彭　玉　李子俊)

第七章　宜昌市兴山县疾控中心大楼

第一节　大楼的基本概况

一、建筑特征

基地位于丰邑大道以东、龙珠路以北、梅苑路以西、湖南路以南的综合地块以内,综合地块由兴山县疾病预防控制中心及实验室能力建设项目、兴山县智慧城市视频调度中心项目、兴山县图书馆建设项目、兴山县综合档案馆建设项目、兴山县城梅苑老旧小区 2 号停车场建设项目 5 个项目组成综合地块基本成田字行,南北长约 123m,东西宽约 103m,场地地势高差较大,最高点 245.388m,最低点 240.426m,高差约 4.8m,呈单坡状。

本项目位于综合地块东北侧,东临梅苑路,北临湖南路,整个场地基本呈不规则四边形,南北长约 71m,东西宽约 62m。项目总用地面积 4297.23m²(合 6.445hm²)。该地处于兴山县中心地段地理位置优越,交通十分便利。

基地内正北与正西侧角分别有一栋 5 层原疾病控制中心房与 5 层业务用房,北侧有一栋 5 层附属楼,原疾病控制中心房拆除重建,5 层业务用房保留改造为实验室,5 层附属楼拆除。

场地区域位于原河漫滩,属冲、洪积地貌单元,后因县城整体规划,于1998 年对该场地进行了大面积回填,现在场地相对较平坦,场地周边平整开阔,场地标高在 218.39～218.48m,场地内未发现断层、溶洞等不良地质构造,场地结构稳定平坦,市政供电、给排水、通信等基础设施齐备,为项目顺利实施提供了保障(图 7-1、图 7-2)。

图 7-1　兴山县疾控中心建设项目位置图

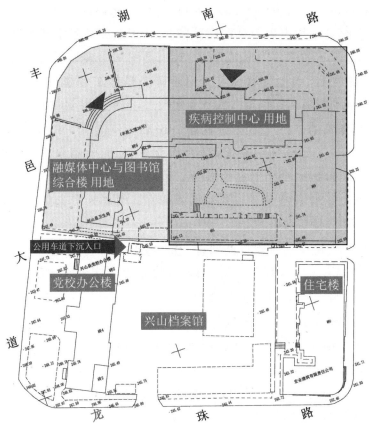

图 7-2　兴山县疾控中心建设项目周围建筑平面图

二、规划设计效果展示

(一) 规划布局

1. 综合地块规划布局

综合地块的现场地势高差较大,周边建筑环境有待改善,因龙珠路与梅园路为 7m 宽支路,为提升整个城市形象,新建建筑主入位于湖南路上,通过优化城市广场及建筑共享大厅的序列关系,使该区域形成一个共生的现代建筑。建筑应该尽量坐北朝南,紧邻主干道。设计整体布局严谨、有序,重视与城市环境与文脉的统一。地面建筑入口各自独立,并面向城市主干道,该项目地下车库入口分别设置在丰邑大道,梅苑路与龙珠路 3 个方向,方便的同时,缓解地块交通压力。

各建筑通过主入口与广场,以丰邑大道和湖南路为主轴线,通过一条贯穿用地的中心垂直景观主轴统领全局。形成了两轴、三广场的空间结构。与兴山城市主轴联系紧密。

由于该用地有限及高度控制和现场地势高差较大等因素,建筑设计必须统筹考虑,整体布局。为提升整个城市形象,从城市角度设计功能流线,优化城市广场及建筑形态与空间序列关系,建筑通过重新整合设计,将更能体现建筑的公共性、艺术性和功能性,各建筑入口相对独立,又有机联系,另外结合地形高差做 2 层地下车库,车库屋顶做活动花园美化环境。让各功能与环境和谐共生(彩图 11)。

2. 本项目地规划布局

建筑总平面布置采用"L"形布置模式,距离北侧用地边界最近处 16.8m,距离东侧侧用地边界最近处 4.19m。与兴山县智慧城市视频调度中心项目、兴山县图书馆建设项目、兴山县综合档案馆建设项目呈现"回"型布置,中心围合形成立体广场。组成功能分布合理、清晰,整体性极强的总体布局。疾控中心主体建筑距离湖南路最近距离 21.0m,东侧实验室距离梅苑路最近距离 4.2m;地下室车库位于疾控中心主体以下,北侧距离用地边界最近距离 6.0m,东侧距离用地边界最近距离 21.5m,西南接兴山县城梅苑老旧小区 2 号停车场建设项目。

(二) 竖向设计

综合地块用地地形地势西高东低高差约 4.8m,南高北低高差约 2m,根据甲方提供地形图及现场踏勘所示的地形特征,以及现状地形控制点标高,竖向设计中考虑尽量处理好本场地与周围道路场地的衔接关系,减少土方量。用地内部竖向布置采用平坡式,尽量创造便利的通行空间。沿街主体建标高与周边道路相结合,采用台地布局,主要出入口放长坡,尽量减小通行障碍。

场地内部道路最小纵坡不小于 0.2%。

地表雨水由排水管道收集,排入南北主要道路的市政管网。

(三) 交通组织

1. 综合地块交通组织

(1)基地出入口设置。地下车库设置 3 个车行入口,分别位于丰邑大道、梅苑路、龙珠路,方便的同时,缓解地块交通压力。

综合基地地面建筑均各自独立设置人行主入口,分别位于丰邑大道、湖南路、龙珠路,并设有设置入口广场。满足各项目独立使用要求。

(2)基地内道路设计。综合基地北侧设置地面车行入口与西侧车行入口在建筑单独外围联通。东侧车行入口与南侧车行与基地中间的立体广场形成环路。基地内部人行入口设置在南侧。主要的消防车道按照路面宽度 4m 设计,路面采用混凝土路面,坡度 0.3%~2.5%。

2. 本项目交通组织

地下车库车行入口位于梅苑路。人行主位于入口湖南路,人行次位于入口梅苑路。

3. 无障碍设计

在建筑基地内人行通道、建筑入口均进行无障碍设计,满足国家有关规范、规定。

三、全面设计效果图展示

本项目规划用地面积 4297.23m²,建筑占地面积 1771m²,总建筑面积 13651.63m²,其中新建疾控中心建筑面积 10231.63m²,装修改造业务用房建筑面积为3420m²。建设健康管理中心、基本公共卫生服务管理中心、急性传染病监测与管理中心、卫生应急管理中心、应急处置洗消中心、办公室、综合业务科、财务科、人事科、总务科、档案室、培训中心、学术报告厅、卫生健康大数据中心、卫生检验检测中心(含负压P2生物实验室)等,建设配套供电、给排水、供气、电梯、空调系统、停车场、绿化和环保等相关设施设备,配套检验检测及信息化设备。

(一)新建疾控中心业务楼

共8层,地下1层至地上7层楼层分布如下。

地下一层:建筑面积2650.71m²,建设内容有消防水池、设备、库房、停车位(67个)。

一层:建筑面积2156.92m²,其中放射科、老年人健康管理中心、婴幼儿健康管理中心、诊室、值班室、消控室、应急仓库建筑面积合计为1600.20m²,一层架空层建筑面积为556.72m²。

二层:建筑面780.60m²,建设内容有急性传染病监测与管理中心,传染病防治与管理,设置重点传染病防治与管理,艾滋病、结核病、寄生虫病防治、精神卫生中心,慢性非传染病防治公共卫生服务管理中心,食品风险监测管理。

三层:建筑面积943.30m²,建设内容有应急处置洗消中心,免疫规划管理,卫生应急管理中心,应急物资仓库。

四层:建筑面积911.39m²,建设内容有学术报告厅、卫生健康大数据中心,培训中心,办公室。

五层:建筑面积911.39m²,建设内容有会议室、办公室、财务室、综合业务科、总务科、人事室、档案室。

六层、七层:建筑面积1646.61m²,建设内容有卫生应急指挥中心占用两层空间,五层、六层分别设有休息区、等候室。

屋顶:建筑面积230.71m²,建设内容有机房。

(二)装修改造业务用房

共5层,建筑面积3420m²(彩图12)。

一层建筑面积:477.48m²,主要功能房为办公室;夹层建筑面积:

477.48m²,主要功能房为办公室。

二层建筑面积:604.02m²,主要功能为实验室。

三层建筑面积:584.13m²,主要功能为实验室。

四层建筑面积:584.13m²,主要功能为实验室。

五层建筑面积:584.13m²,主要功能房为会议室、资料室、音控室。

屋顶建筑面积:99.24m²,主要功能:排烟机房。

(王大军　甘发清)

第二节　设计思想和理念

一、设计指导思想和设计特点

（1）通过建筑来体现文化的传承、共享与交流。该区域建筑形象设计着力体现文化建筑"古朴、大气、艺术"的品格,希望建成后能以特点鲜明的建筑形象成为兴山县新地标。

（2）结合地形构建与周边环境共生的规划设计。通过基地的规划设计和景观设计,来优化新建筑与现有基地环境的对话,最大限度地提升当地的形象。

（3）充分体现人性设计。体现"以人为本"的设计理念,兼顾社会效益,环境效益,从城市设计入手,打造一个功能布局合理的,使用便捷的公共文化建筑。

（4）共生有机整体,整合资源,统一布置整体地下车库,统一管理,地上建筑各功能相对独立,功能分区明确互不干扰。

（5）发掘、利用并有机组织本区的自然、人工与人文要素,运用城市设计手段,加强景观风貌设计,塑造一个具有个性特征,具有时代气息的文化区块。

立面造型设计采用对称手法,主要以灰色调石材为主,着重体现文化建筑的大气、艺术的文化氛围,局部采用通窗。造型端庄稳重,印章的造型有固若磐石之感,展现文化建筑的力量感。整体建筑突出竖向造型,其形制端庄、朴素,体现出坚定信念、艰苦奋斗的兴山地域文化精神设计概念:兴山印记。

二、设计概念兴山印记

印为信物,源远流长,与书法、绘画、诗歌并称中国四大传统艺术而声名远播,是中华文化的特征标志与时代发展的见证。

方案力图表达文化作为兴山历史发展的印记和历史的传承空间。且与周边的公共服务设施形成"对比协调"的和谐关系(图7-3)。

图7-3　设计的来源——印章

（王大军　甘发清）

第三节　设计案例的专业评估

(一)项目概况

兴山县疾控中心及实验室能力建设项目位于兴山县古夫镇湖南路17号。项目对现有疾控中心整体进行新建或改造。主要建设:拆除现有五层综合楼,在拆除原址上新建一栋 8 层综合楼,建筑面积为 10153.36m²;将现有五层业务综合楼改造成实验楼,改造面积为 3410.61m²,并配套建设电气、消防、给排水、道路、绿化以及其他配套工程。项目总占地面积 1770.95m²,总建筑面积 13563.77m²,总投资 12162.65 万元,环保投资 400 万元。本项目建成后为该辖区内居民医疗和卫生、防疫服务提供便利。

(二) 产业政策、规划、选址及平面布置合理性

项目属于《产业结构调整指导目录(2019 年本)》中的第一类"鼓励类"第"三十七、卫生健康"中的"预防保健、卫生应急、卫生监督服务设施建设",符合国家现行产业政策的要求。

项目选址从土地利用角度看,依据《疾控中心建筑技术规范(GB 50881—2013)》、《疾控中心建设标准》(建标 127—2009)、《关于印发医疗卫生机构检验实验室建筑技术导则(试行)的通知》(国卫办规划函〔2020〕751 号)选址角度分析可行。

项目的建筑、装修、结构、实验室设计及设备安装均满足《生物安全实验室建筑技术规范》(GB 50346—2011)、《实验室生物安全通用要求》(GB 19489—2008)、《微生物和生物医学实验室安全通用准则》(WS 233—2002)、PCR 实验室建设标准规范(2020)、P2 实验室设计标准相关要求。项目平面布局设置符合《疾病预防控制中心建筑技术规范》(GB 50881—2013)《疾控中心建设标准》(建标 127—2009)相关要求。项目与《宜昌市环境总体规划(2013—2030 年)》中生态功能控制线绿线区、水环境红线区、大气环境红线区相关要求相符。项目符合当地"三线一单"管控要求。

(三) 环境质量现状

1. 环境空气质量

根据《2019 年宜昌市环境质量年报(简报)》,项目所在区域环境空气质量满足《环境空气质量标准》(GB 3095—2012)中的二级标准,项目所在区域属于环境空气质量为达标区。

2. 地表水环境质量

根据引用湖北昭君古镇建设开发有限公司《兴山县香溪河流域综合治理及高铁站配套基础设施建设项目》委托湖北景深安全技术有限公司在 2020 年 6 月 17 日—2020 年 6 月 19 日对古夫河现状监测数据可知,古夫河现状 pH、高锰酸盐指数、NH3-N、TP、石油类监测结果均可满足《地表水环境质量标准》(GB 3838—2002)之Ⅲ类标准要求。

3. 噪声环境质量

根据监测可知,拟建项目东侧厂界、南侧厂界、各敏感点声环境监测点昼间监测结果均可达到《声环境质量标准》(GB 3096—2008)2 类标准限值要求,西侧厂界、北侧厂界声环境监测点昼间监测结果均可达到《声环境质量标准》(GB 3096—2008)4 类标准限值要求。

4. 污染物排放情况

根据工程分析,项目营运期污染物产排情况见表 7-1。

表 7-1　项目污染物产排情况一览表

项目	污染源	污染物	产生量	排放量
废气	污水处理站	NH_3	0.00081t/a	0.000486t/a(无组织)
		H_2S	0.00003t/a	0.000018t/a(无组织)
	PCR 负压实验室、微生物实验室	含传染性的细菌和病毒	少量	少量
	理化实验室	酸雾	0.000604t/a	0.000513t/a
		有机废气	0.000741t/a	0.000148t/a
		CO_2、CO	少量	少量
	汽车尾气	CO、NO_x、THC	少量	少量(无组织)
	备用柴油发电机	NO_x、SO_2、TSP	少量	少量(无组织)
废水	混合废水	COD、BOD_5、NH₃-N、TP、SS	1745m³/a	1745m³/a
噪声	各类设备	噪声	75～80dB(A)	60～65dB(A)

续表

项目	污染源	污染物	产生量	排放量
固体废物	办公	生活垃圾	7.2t/a	0
	纯水制备	废反渗透膜	0.5t/a	0
	废气治理	废 SDG （酸性废气吸附剂）	0.00202t/a	0
	医疗活动	医疗废物	2.0t/a	0
	废气治理	废过滤介质	0.5t/a	0
	废气治理	废活性炭	0.00306t/a	0
	废水处理	污泥	0.61t/a	0

（四）环境保护措施及主要环境影响

1. 废气

项目微生物实验室、PCR负压实验室废气经"生物安全柜（内设高效过滤器，负压）"过滤后，通过20m高排气筒达标排放；理化实验室废气经"通风橱收集＋SDG（干酸吸附剂）＋活性炭吸附"后，通过20m高排气筒达标排放；污水处理站采取地埋式，并在周边种植月季、蔷薇等植被除臭；备用柴油发电机废气经"发电机自带净化装置"处理后排向附近绿化带；地下停车场汽车尾气设置设送风和排风系统。通过采取上述相应措施后，项目废气对大气环境影响较小，在可接受范围。

2. 废水

本项目PCR负压实验室、微生物实验室废水经高压蒸汽灭菌后排入实验室废水管网；理化实验室酸性废水经中和处理、含氰废水经碱式氯化法预处理后和一般清洗废水排入实验室废水管网；纯水制备产生的污水直接排入实验室废水管网；生活污水经化粪池处理后排入废水管网；地面清洗废水直接排入废水管网。项目排入废水管网的混合废水进入疾控中心新建污水处理站进行处理，处理后外排市政污水管网，进入兴山县新城污水处理厂集中处理，尾水排入古夫河。在采取相应措施后，本项目对地表水影响在可接受范围内。

3. 噪声

本项目噪声主要来自实验设备运行噪声、风机噪声、空调噪声等,在采取隔声、减振、消音等措施后,厂界满足《工业企业厂界环境噪声排放标准》(GB 12348—2008)的第 2 和 4 类标准要求。

4. 固体废物

项目生活垃圾、废反渗透膜集中收集后交由当地环卫部门清运处理;废 SDG 集中收集后由厂家回收处理;危险废物(医疗废物、污水处理站污泥、废活性炭、废过滤介质)分类收集后,暂存医疗废物暂存间,定期交由资质单位进行处理。项目产生的固体废物在采取环评提出的措施后,不会对周围环境造成明显影响。

5. 环境风险

本报告认为,从环境风险角度评价,在落实相关风险防范措施、加强风险管理的前提下,项目环境风险是可接受的。

6. 公众意见采纳情况

项目环境影响评价期间,建设单位在宜昌市环保局网站上发布了 2 次环评公示,在《三峡晚报》上发布了 2 次告示。截止报告书提交给建设单位送审为止,尚未接到与本项目相关的意见和建议。

7. 总量控制

项目涉及总量控制指标有 COD、NH_3-N、TP、VOCs。本项目建成后,全中心主要污染物排放量为:VOCs 0.00015t/a;COD 0.0873t/a、氨氮 0.0087t/a、总磷 0.0009t/a。接管量 COD 0.4363t/a、氨氮 0.0524t/a、总磷 0.0052t/a。其中废水主要污染物排放量仍控制在原有环评批复范围内,即 COD 0.32t/a、氨氮 0.029t/a、总磷 0.0029t/a。

本项目仅新增 VOCs 0.00015t/a,无须调剂来源。综上,建议全中心主要污染物排放量控制在:VOCs 0.00015t/a、COD 0.32t/a、氨氮 0.029t/a、总磷 0.0029t/a 以内,接管总量为 COD 1.46t/a、氨氮 0.2628t/a、总磷 0.0292t/a。

8. 环境影响经济损益分析

本项目总投资 12162.65 万元,环保投资 400 万元,占总投资 3.29%,

主要用于处理各实验室废气和固废处置。项目的建设将为全县人民群众提供优质的基本医疗服务,有利于经济建设和社会发展。

9. 评价结论

综上所述,兴山县疾控中心及实验室能力建设项目建设符合国家及地方产业政策,选址符合城市发展总体规划。项目在建设期及正常营运期间产生的废气、废水、噪声等经采取合理有效的治理措施后,均可达标排放,固体废物能够合理处置不外排。在严格按照国家"三同时"要求,全面严格采取拟定的各项环境保护措施和本评价提出的措施、完善应急措施、实时环境管理与监测计划以及主要污染物总量控制方案以后,项目对周围环境影响可控制在国家有关标准和要求的允许范围以内。

因此,该项目的建设方案和规划,在环境保护方面是可行的,可以在拟定地点、按拟定规模和计划实施。

(王大军　甘发清)

第八章　宜昌市枝江(市)疾控中心大楼

第一节　大楼的基本概况

一、建筑特征

项目建设地点位于枝江市马家店街道迎宾大道以南,团结路以北,水圣路以西,董市派出所和董市法庭以东,面积为 26804m²,南北长 160～220m,东西宽约 220m。场地内地势平坦,适于建设本工程。总体布局按照功能分区明确、流程便捷合理的原则进行。

二、规划设计效果展示

(一)全面设计效果图展示

项目用地面积 26804m²,项目总建筑面积 19419.50m²,其中地上建筑面积 14083.34m²,地下建筑面积 5336.16m²。配套建设给排水、供配电、消防、医疗废物废水处理等设施;建设地面停车场不少于 3000m²、绿化面积不少于 10000m²、道路约 4000m²(彩图 13、彩图 14、图 8-1)。

(二)平面设计效果展示

主要建设内容:综合业务用房,层数 6 层,建筑面积 8827.04m²,主要功能为健康管理中心、卫生应急指挥中心、120 急救指挥中心、疾控中心、卫生综合监督执法等业务技术用房;检验检测业务用房,层数 5 层,建筑面积 4321.34m²,主要功能为职业病和从业人员体检中心、3 个 P2 实验

图 8-1 宜昌市枝江(市)疾控中心绿化效果图

室、4 个理化实验室、1 个普通微生物实验室、3 个形态学实验室等;辅助用房,层数 2 层,建筑面积 857.66m²,主要功能为应急物资储备仓库、血防消杀物资仓库、疫苗冷库、应急车库、应急处置洗消室等;医疗废物废水处理间,层数 1 层,77.30m²;地下室为 1 层,建筑面积 5336.16m²,主要功能为设备机房和停车库(图 8-2～图 8-4)。

图 8-2 宜昌市枝江(市)疾控中心综合业务楼大厅效果图

图 8-3　宜昌市枝江(市)疾控中心综合业务楼大厅效果图

图 8-4　宜昌市枝江(市)疾控中心检验检测楼大厅效果图

（万　涛　何德新）

第二节　设计思想和理念

枝江市属湖北省宜昌市代管县级市,地处长江中游北岸、江汉平原西缘,北靠当阳市,西南接宜都市,西北靠猇亭区、夷陵区,介于东经111°25′～112°03′,北纬30°16′～30°40′。境内地势由西北丘陵高岗,逐渐倾斜至东南部平原,有平原、岗地和低丘三种基本地貌形态;属亚热带季风气候,雨量丰富,光照充足,气候温和,四季分明。枝江市属亚热带季风气候,雨量丰富,光照充足,气候温和,四季分明。年均降水量1041.8mm,平均气温16.5℃。

枝江市年平均静风频率为23%,区域主导风向为北北东风(NNE),其次为北风(N)和南南东风(SSE),频率分别为12%、9%及8%,最少风向为西南风(SW)和西西南风(WSW),频率均为1%。全年平均风速为1.9m/s,春夏季平均风速均为2.1m/s,秋冬季平均风速为1.8m/s。

马家店街道位于鄂西山区与江汉平原的结合处,西距世界水电之都宜昌53km,东距荆州古城50km,南有长江黄金水道,中有318国道、沪渝高速公路连接东西,西20km处有焦柳铁路、40km处有三峡国际机场,位置优越,交通便捷。马家店街道原为枝江市的城关镇,1998年更名为马家店街道,2001年乡镇合并时又将原江口镇的部分区域并入,现辖6个村、11个社区,国土总面积58km²,户籍总人口11.4万人,是枝江市政治、经济、文化中心。

本方案按照《疾控中心建设标准》(建标127—2009)的要求遵循以下设计原则:

疾控中心的建设,必须依据国家有关法律、法规和规定,与经济社会发展相适应,坚持科学、合理、经济、适用的原则,从本地区疾病预防控制工作实际出发,正确处理现状与发展、需求与可能的关系,做到规模适宜、功能适用、装备适度、经济合理、安全卫生。

疾控中心的建设,应符合所在地区城市总体规划和区域卫生规划的要求,充分利用现有卫生资源和基础设施条件,避免重复建设。

实验用房、业务用房、保障用房和行政用房建设规模应遵循满足基本功能、兼顾未来发展的原则确定。配套设施的建设,应按照节约、通用的原则,充分利用社会公共设施。

疾控中心建设用地应坚持科学、合理、节约的原则,在满足基本功能需要的同时,适当考虑未来发展。

在总体布局时应充分利用地形地貌,正确处理功能分区以及各分区之间相互联系与分隔的关系,科学布各类建筑物,合理组织人流、物流。疾控中心建筑宜采取分散布局形式。实验用房宜与业务、保障、行政等其他功能用房分开设置,实验用房宜处于当地夏季最小风频上风向。不同类别实验用房宜独立设置。

疾控中心建筑设计应以科学合理、安全卫生、经济适用、环保节能为原则,同时满足周边环境与城镇规划要求。除有特殊要求外,实验用房的布局、朝向、间距应保证室内有良好的自然通风和自然采光。

生物安全实验室的建设应切实遵循物理隔离的建筑技术原则,以生物安全为核心,确保实验人员的安全和实验室周围环境的安全,并应满足实验对象对环境的要求,做到实用、经济。

(万　涛　何德新)

第九章 黄冈市麻城(市)公共卫生 中心项目的建筑与设计

第一节 大楼的基本情况

一、建筑特征

本项目建设地点位于麻城市京广大道与金通大道交汇处,由疾控中心综合楼、实验大楼、应急指挥中心大楼和应急物资储备中心大楼四部分组成,主体建筑位于场地靠北位置,呈围合型布局。

项目用地北高南低,与东侧市政道路有 2～3m 高差,坡度平缓。场地北、东两侧临城市道路,大楼均为南北朝向,且面朝主要城市道路,有较好的临街展示面。实验大楼位于中间,与疾控大楼围合形成开放广场,中央的庭院为整个园区办公提供了良好的户外环境。应急物资储备中心与场地内主要建筑最小距离大于 50m。

二、规划设计效果展示

(一)全面设计效果图展示

项目用地面积 33321.1m², 总建筑面积 31396m², 地上建筑面积 28701m², 地下建筑面积 2695m²。其中疾控中心综合楼面积 12510m², 实验大楼 5690m², 应急指挥中心及附属楼 7550m², 应急物资储备中心大楼 2550m²。地下建筑面积 2695m², 包括人防建筑面积 1190m², 机动车停车位 38 个(图 9-1～图 9-4)。

图 9-1 黄冈市麻城(市)公共卫生中心效果图

（图片来源：中南建筑设计院）

图 9-2 黄冈市麻城(市)公共卫生中心鸟瞰图

（图片来源：中南建筑设计院）

图 9-3　黄冈市麻城(市)疾控中心综合大楼人视角效果图

（图片来源：中南建筑设计院）

图 9-4　黄冈市麻城(市)公共卫生中心街景视角效果图

（图片来源：中南建筑设计院）

(二)主要建筑指标

项目用地面积 33321.1m²,总建筑面积 31396m²,地上建筑面积 28701m²,地下建筑面积 2695m²。其中疾控中心综合楼面积 12510m²,含预防诊疗中心 4017m²,疾控中心 5988m²,健康体验馆 1014m²,科研教学基地 1491m²;实验大楼 5690m²;应急指挥中心及附属楼 7550m²;应急物资储备中心大楼 2550m²;垃圾站及垃圾房 150m²;门卫室、大门及连廊 251m²。地下包括人防建筑面积 2695m²。机动车停车位共 287 个,地面停车位 249 个,地下停车位 38 个;非机动车停车位 230 个。

(郭超慧)

第二节　设计思想和理念

一、设计思想

麻城市,隶属于湖北省黄冈市,位于湖北省东部,地处武汉、郑州、合肥三角经济区中心,紧邻省会武汉,区位优越,交通便捷,沪蓉高速、大广高速、106 国道贯穿全市。麻城市属亚热带大陆性湿润季风气候,江淮小气候区。光照充足,热量丰富,降水充沛,无霜期长。四季分明,冬冷夏热,雨热同季为普遍现象。

项目所在区域麻城市城区,拟建场地地下水为上层滞水类型,主要受大气降水的影响,地下水位较浅,且受季节性变化幅度大。地下水无侵腐蚀性。工程地质条件较好,地基属稳定地基,适合工程建设。

为全面提高公共卫生服务水平,特别针对重大突发公共卫生事件补短板、堵漏洞、强弱项、提功能,加强公共卫生体系建设,麻城市政府、麻城市卫健局申请麻城市公共卫生中心建设项目,集疾控中心、120 指挥中心、突发公共卫生事件预警中心、突发公共卫生事件应急指挥中心和应急物资储备中心等五大中心为一体,通过这个项目的实施,全面提升麻城市公共卫生服务体系,进一步提高公共卫生保障能力和完善疾病预防控制体系、公共卫生信息体系,健全突发公共卫生事件应急机制,保障百万人民群众的生命安全。

二、设计理念

合理布局作为本项目的出发点,以相对开放性的空间组合兼容并蓄地体现新时代特征,对创造现代公共卫生服务建筑进行探索和思考,创造一个舒适的使用环境。

以人为本是首要设计要求,营造更接近自然的空间环境,将阳光、新鲜的空气、广场绿化最大化的引入建筑内部,打造优质的院区公共活动空间,体现人文关怀。

绿色生态设计从整体规划到细部设计,力求最大限度地争取自然通风采光,用最少的能耗创造健康、适用、安全、高效的空间,为创造资源节约型、环境友好型社会贡献力量。

三、设计概况

(一)总平面布局

项目场地北、东两侧临城市道路,社会人员使用的车行及人行入口位于北面京广大道一侧,办公车行及人行入口位于东面金通大道一侧。北侧入口配有专用社会车辆停车场,人行广场可有效缓解人流聚集。东侧办公主入口正对中央庭院,具有通透的景观视野,车行进入园区后可就近到达南侧停车场或进入地下车库。办公人行流线可通过中间庭院到达各建筑主要出入口。主体建筑位于场地靠北位置,呈围合型布局。大楼均为南北朝向,且面朝主要城市道路,有较好的临街展示面。实验大楼位于中间,与疾控大楼围合形成开放广场。中央的庭院为整个园区办公提供了良好的户外环境。

(二)建设规模及内容

疾控中心综合楼为总高度为 30.2m 的高层建筑。地上 7 层,总建筑面积 12510m²。其中一层建筑面积 2450m²,本层中部为开放式登记区,西侧为预防性诊疗区及检验科等,东侧为留观室、配药区、健康体验馆。

二层筑面积 2335m²,西侧为档案室、党员活动室、荣誉室,东侧为检查室以及多功能会议室。三层筑面积 1491m²,西侧为科研教学基地办公区、档案室、资料室,东侧为接待区,知情同意室,体检室等。四至七层各层面积均为 1491m²,为疾控中心各专业科室办公区。

应急指挥中心及附属楼为总高度为 22.4m 的多层建筑。地上 5 层,地下 1 层,总建筑面积 10245m²。其中一层筑面积 1943m²,本层东侧为办公区,西侧为食堂;二层筑面积 1925m²,东侧为办公区,西侧为大会议室和指挥中心办公室;四至五层各层面积均为 1170m²,为办公室。地下一层为人防工程、设备用房以及车库。

实验大楼为总高度为 25.1m 的高层建筑。地上 5 层,总建筑面积 5690m²。一层为办公室、学术报告厅、冷库;二层为培养基配置室、免疫实验室、HIV 初筛及确认室、收样室、寄生虫实验室、PCR 实验室;三层为培养基试剂室、卫生微生物室、准备室、洁净室;四层为耗材室、前处理室、原子吸收室、原子荧光室、洗涤室、液相色谱室、液相质谱室、气相质谱室、气相色谱室、高温消化室及惰性气瓶室;五层为试剂室、天平室、样品室、仪器室、地方病室、纯水设备间、洗涤室、职业卫生室、有机化学室、无机化学室。

应急物资储备中心总高度 10.4m,为多层建筑。地上 2 层,总建筑面积 2550m²。一层为应急物资储备仓库,管理用房;二层为应急物资储备仓库。

(三) 交通组织

建筑的交通组织以充分融入场地流线为主要原则,基本格局以及组织方式符合业务需要的组织模式,结合入口流线的人流和车流组织,在不影响整体流线的前提下处理好建筑流线和城市道路之间的关系。流线组织上,合理组织人流、物流,避免交叉污染,整体上形成顺时针的车行流线,使得车辆可以快速到达和驶离。

四、结语

项目在体现简洁现代的建筑风格的设计原则下,结合严密的细部设计,体现建筑亲切、舒适的外观特点,外立面富有韵律变化的线条交错,给予立面丰富的光影变化和视觉感受。通过纵向线条的元素贯穿整个立面设计,统一手法,同时实现虚实对比,使建筑整体形象舒展大气,体现现代建筑特点。

（郭超慧）

138

第十章　黄冈市黄梅县疾控中心大楼

第一节　大楼的基本概况

一、建筑特征

黄梅县疾控中心整体搬迁项目选址位于黄梅县经济开发区东边,项目用地 23043.21m²,北侧为西城大道,南侧为规划西城二路,与 105 国道相连,东侧为工业大道。项目建设场区地势相对平坦,土地现状条件较好。场地无滑坡、崩塌、膨胀土、地表液化等不良条件。场区能够进行多种机械同时施工作业。交通便利,地质条件适宜。东边隔工业大道与县人民医院南区(传染病大楼)建设工地相望,地理优势明显。目前已基本形成了较为完善的供水、供电、电讯、排污等基础工程的规划建设,本项目均可从现有设施内接入,完全能满足项目的建设和使用要求。

二、规划设计效果展示

项目建设规划用地 23043.21m²,规划总建筑面积 17138.95m²,其中地上计容建筑面积 15174.21m²,地下室建筑面积 1964.74m²。地上部分包括业务大楼及应急指挥中心 6440.61m²,预防及体检中心 3110m²,二级实验室 3198.40m²,后勤值班大楼 2425.20m²。停车位共 190 个,其中地上停车位 167 个,地下停车位 23 个。建筑密度 16.70%,绿地率 35%,容积率 0.66(图 10-1)。

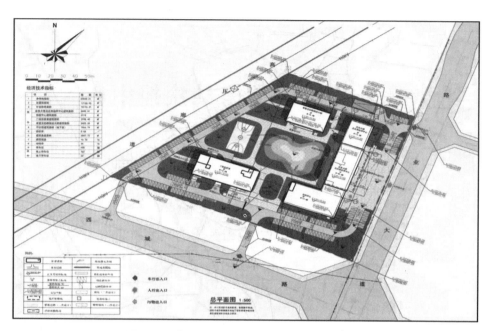

图 10-1　黄冈市黄梅县疾控中心规划总平面图

三、平面设计效果展示

项目用地为梯形,南北宽约 144m,东西进深 100～210m,东侧与工业大道相连,南侧为西城二路,西侧有一条 110kV 高压走廊。结合主要人流方向、风向及基地用地情况、建筑布局采用 U 字形围合式,厨房后勤用房位于西北角,实验用房位与基地南侧,互不干扰,业务用房和体检中心沿工业大道布置,二者紧密联系,建筑沿街立面完整大气高低错落,内部景观完整,形成和谐统一的一组公建群(彩图 15)。

(梅泽文　徐　杰)

第二节　设计思想和理念

黄梅县位于湖北省最东端,长江中游北岸,大别山尾南缘,东与安徽省宿松县接壤,西与武穴市毗连,南与江西省九江市区隔江相望,北与蕲春县山水相依。地势北高南低,呈亚热带季风气候,总面积 1701km² 。黄梅县是驰名中外的佛教禅宗发祥地,是全国五大剧种之一黄梅戏的发源地,还是闻名全国的挑花之乡、楹联之乡、诗词之乡、武术之乡。是长江经济带和京九经济带的交汇点,是鄂、赣、皖"中三角"战略中鄂赣互联的黄金节点,交通极为便利,105 国道、沪渝高速、福银高速穿境通过,合(肥)安(庆)九(江)高铁、黄(冈)黄(梅)高铁将于 2021 年底即将通车,也是武汉城市圈、皖江城市带和环鄱阳湖生态经济区的结合部。

一、新发展理念在大楼设计中的体现

为提高黄梅县对突发公共卫生事件的应急处理能力,对生物、化学及核恐怖等公共卫生事件的反应和处理能力。本着"简朴化、实用化、人文化、协调化、信息化、景观化"的原则,多层而非高层建筑,更注重人流、物流、技术支持系统的合理配置,最终塑造出传统与创新兼容并蓄,共同发展的、符合新时代的疾控中心发展趋势的新型建筑。

二、公共卫生体系在大楼设计中的体现

整体搬迁工程建设项目分区明确,清晰有序的交通组织。四大功能(后勤服务、P2 实验室、体检中心、业务用房及应急指挥中心)内外分区明确,结合主要人流方向、风向及基地用地情况、后勤大楼用房位于西北角,实验用房(二级实验室)位于基地南侧,互不干扰,业务用房和体检中心沿工业大道布置,主要人流方向为东面老城区,体检中心入口面向东侧工业大道,与内部业务用房和实验用房严格分开。

三、理念在实践中的落实情况

深度融入城市设计思想,环境与建筑共生,兼顾城市道路街景形象。建筑整体形态成 U 字形,建筑沿街立面完整大气,内部景观完整。临街业务大楼及应急指挥中心呈"一主两副"对称布局,形成完整的城市道路界面。应急指挥中心的入口设置在东侧临工业大道,业务大楼日常办公入口设置在北侧架空连廊;体检的外来人群由东侧进入,厨房入口设在西北角;疾控中心的标本运送入口设在实验大楼北侧收样窗口处。整个流

141

线布置秩序井然,相对独立互不干扰。

在满足日照、通风、交通、消防等功能的同时,尽可能多的让出绿地来优化环境,减少零碎绿地,而让绿地成片覆盖并贯通,使室外活动空间更大。其中设置球场、绿化带、景观墙、中心景观区提供良好的休闲环境的同时,将实验室和其他功能有效隔离,有效的保证疫情期间的安全。同时采用打造立体绿化层次空间,在裙房的屋顶设置了屋顶花园,最大化的为科研人员提供了良好的工作环境。

(梅泽文　徐　杰)

第三节　黄梅县疾控中心整体搬迁项目建设应用

一、工程项目介绍

黄梅县疾控中心整体搬迁建设项目,是由黄梅县发展和改革局发改审批字〔2020〕9 号文件批复立项,建设地点位于黄梅县经济开发区西城二路北侧,项目占地面积 23054m²,规划总建筑面积 17138.95m²,其中地上计容建筑面积 15174.21m²,地下室建筑面积 1964.74m²。地上部分包括业务及应急指挥中心大楼 6440.61m²,预防及体检中心 3110m²,二级实验室 3198.40m²,后勤值班大楼 2425.20m²,总投资 9825.93 万元,第一批到账资金 4131 万元(其中抗疫国债 2000 万元,一般性国债 2131 万元)。

工程建设项目获得批准后,按照建设项目规定和流程,2020 年已经完成环评、初步设计、地勘、整体设计、工程预算、工程监理、跟踪审计等招投标。2020 年 10 月 21 日进行施工单位的招投标,湖北国坤建设工程有限公司中标。并于 2020 年 11 月 12 日举行了奠基仪式,场地三通一平,水电路皆通,至 2021 年 3 月 24 日已全面完成桩基基础开挖和桩基检测项目,现进入基坑支护开挖及全面施工阶段。

二、建筑设置和功能布局介绍

业务大楼与应急指挥中心：首层为疾控中心大厅及健康体验馆，二楼为培训及演练中心，三、四、五楼为内部疾病预防控制业务办公区和计算机机房，六楼为会议室、七楼为应急指挥中心及专家研判室。

预防和体检中心：首层为预防接种候诊大厅、疫苗接种室及留观室，二楼为职业病体检中心，三楼为健康管理中心。

二级实验室大楼：一层为传染病疫情采样、洗消中心及应急物资库房，二层和三层设置 2 个 PCR 实验室，以及其他寄生虫检验、细菌学及真菌检测生物实验室。

后勤值班大楼：一层为食堂以及餐厅，二、三、四层为后勤及应急值班室。

地下室：设有消防水池、消防水泵、强电设备间、发电机组间、停车位等。

（梅泽文　徐　杰）

第十一章 黄冈市罗田县疾控中心与健康管理中心：设计案例与公共卫生学特征

第一节 大楼的基本概况

一、建筑特征

本项目选址位于罗田县凤山镇丝绸大道与徐寿辉大道交汇处北侧，项目用地北侧为规划医疗卫生储备用地，西侧为规划公路，东侧为已建（在扩）徐寿辉大道，南侧为已建丝绸大道。场地现状有一处池塘，场地较为平坦，离周边市政道路有 10～20m，自然环境优美，基础设施完善，给水、排水以及道路状况都满足建设要求（彩图 16）。

二、规划设计效果展示

设计总建筑面积约 13400m²，其中后勤综合楼 3140.2m²，业务综合楼 6629.87m²，实验综合楼 3618m²，后勤综合楼及实验楼建筑高度均为 15.3m，业务综合楼建筑高度 23.9m。属于乙类建筑，无人防工程，地上耐火等级为二级，屋面防水等级 I 级（彩图 17）。

三、平面设计图展示

(一)业务办公楼平面图(图 11-1)

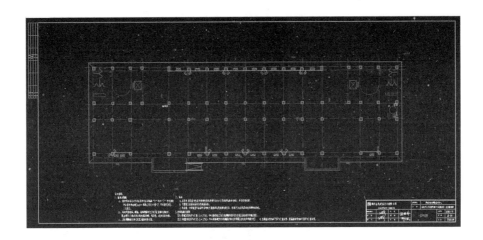

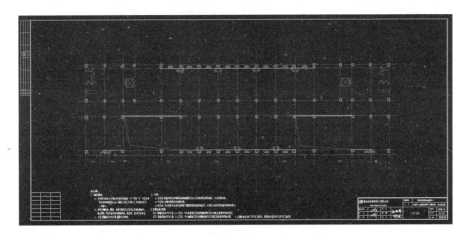

图 11-1 业务办公楼平面图

（二）实验楼平面图（图 11-2）

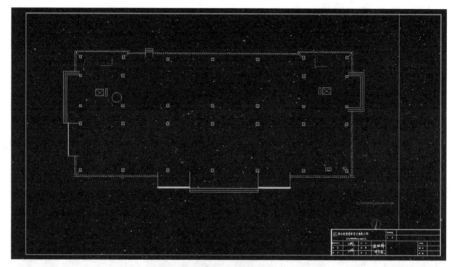

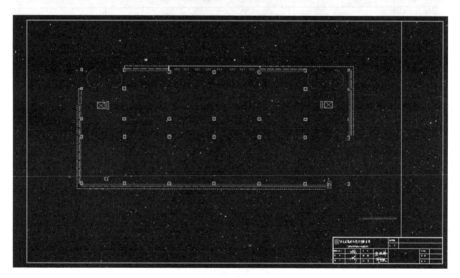

图 11-2 实验楼平面图

（三）后勤保障楼平面图（图 11-3）

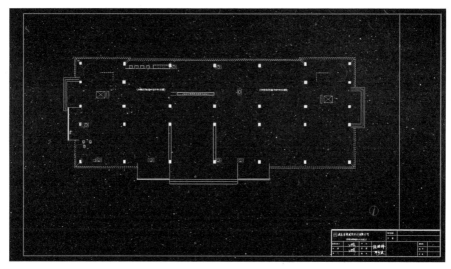

图 11-3 后勤保障楼平面图

（叶从军 范小如 李 昶）

第二节 设计思想和理念

一、新发展理念在大楼设计中的体现

（1）坚持经济、实用、简洁、美观的原则。

（2）坚持科学合理、节约用地的原则。

（3）坚持功能分区明确，科学组合人流、物流的原则。

（4）坚持满足基本功能需要，并适当考虑未来发展的原则。

（5）坚持建筑布局紧凑，内部交通便捷，管理方便，减少能耗的原则。

（6）坚持以人为本的原则。合理确定建筑物的朝向，充分利用自然通风与自然采光，为患者提供良好的医疗环境，为员工提供良好的工作环境。

二、公共卫生建设体系在大楼设计中的体现

(一) 场址选择

选址是疾控中心建设的第一步。选址考虑城市的规划,人群结构,社会构成,环境状况,医疗机构的分布等情况确定疾控中心的服务范围,推测出疾控中心规模、服务项目等。

1. 适宜的地形条件

建设用地比较规则,长度比例适当,避免出现不规则的形状;建筑场地地势较高且平整,竖向高差变化不大,地质稳定;选择对抗震有利的地段,远离对建筑物抗震不利的地质构造地段。

2. 适中的地域位置

选址根据城市总体规划,选择市政公共设施齐全的位置,避开人口稠密区,远离学校、住宅区、水源地、食品加工厂、饲养场等地方,以防污染,远离易燃易爆及有害气体生存和贮藏的场所。

3. 合理的建筑间距

由于疾控中心设有大量的实验室,具有极高的危险性,除了解决疾控中心对外界的影响,充分考虑外部条件对实验室的安全构成的危险,外部相邻建筑倾倒,不致破坏实验室,也不会影响地面的处置、救援工作,相邻建筑发生火灾对实验室不会有实质影响,而实验室发生火灾也不会影响相邻建筑。

4. 便利的交通区位

同普通综合医院相比,疾控中心对交通的要求更加苛刻,要具有高速性、辐射性和枢纽性,因此,选在城市区域内的交通干道一侧,区域内的中心位置,使用方便,反应快速及时,靠近城市对外高速公路和快速干道。

此外,为了适应未来的预防医学发展,考虑预留建设用地,为可持续发展提供良好的机会和空间。

(二) 布局规划

如今,疾控中心的总体布局开始向着高效、综合、大型化集中式发展,

集中式的布局方式屡见不鲜，但是疾控中心的规划布局，要从规模定位入手，针对县级疾控中心，通过功能需求确定其采用组团型的布局方式，布局特点是将疾控中心的各个功能部分单独设立，自成一区，互不干扰。

（三）功能分区

在总体布局上将疾控中心用地划分为几个相对于独立的区域，行政办公区、科研实验区和生活保障区，各区域设有单独出入口，便于独立分区管理；也可以把整个区域划分为洁净区和污染区。各功能分区明确不相互交叉，便于区域安全管理和控制。

总体布局严格按实验安全及保安分区、分级设置。行政办公区、生活后勤配套区为开放区；科研实验区为封闭管理区。在道路设置上，设有一级安全控制道路，即行政办公区、生活后勤配套区内道路；二级安全控制道路，主要是科研实验区，直接通向实验楼从各个出入口开始，到科研实验区的出入口，车辆、人员出入都由保安控制。

（四）外部交通组织

医疗卫生建筑的发展与交通组织的关系越来越密切。医疗卫生建筑的交通组织，直接影响城市和医疗卫生机构本身其他功能是否能够顺利展开。在设计过程中对建设用地形态、周边道路情况，以及与城市主干道间的关系进行分析后，确定用地的交通规划方式。

疾控中心用地范围内的主要交通流线有 3 类：人流、物流与车流。在总平面规划阶段，把握交通组织的基本原则，处理好这三者之间的关系，做到人车分流、洁污分流，使各种交通各行其道，互不干扰。

三、具有黄冈市特色的元素在大楼设计中的体现

（1）坚持经济、实用、简洁、美观的原则。

（2）坚持科学合理、节约用地的原则。

（3）坚持功能分区明确，科学组合人流、物流的原则。

（4）坚持满足基本功能需要，并适当考虑未来发展的原则。

（5）坚持建筑布局紧凑，内部交通便捷，管理方便，减少能耗的原则。

（6）坚持以人为本的原则。合理确定建筑物的朝向，充分利用自然通

风与自然采光,为患者提供良好的医疗环境,为员工提供良好的工作环境。

四、理念在实践中的落实情况

(一) 建筑设计方案说明

1. 建设方案选定

本项目按照省市县三级《关于推进疾病预防控制体系改革和公共卫生体系建设的意见》,新建罗田县疾控中心和健康管理中心基础设施,完善疾病预防控制机构组织体系。总体布局合理,符合业务需要,有利于重大传染病防控。

2. 设计原则

(1) 坚持经济、实用、简洁、美观的原则。

(2) 坚持科学合理、节约用地的原则。

(3) 坚持功能分区明确,科学组合人流、物流的原则。

(4) 坚持满足基本功能需要,并适当考虑未来发展的原则。

(5) 坚持建筑布局紧凑,内部交通便捷,管理方便,减少能耗的原则。

(6) 坚持以人为本的原则。合理确定建筑物的朝向,充分利用自然通风与自然采光,为患者提供良好的医疗环境,为员工提供良好的工作环境。

3. 设计方案

(1) 土建部分。罗田县疾控中心与健康管理中心的基本功能是满足罗田县卫生防病工作、完善辅助设施的需要。

实验楼及后勤保障楼设计要求如下:①层高为 4.5m;②操作台等均采用大理石台面;③走道及卫生间采用铝塑扣板吊顶,内墙贴白色瓷砖至吊顶底止;④除走道及卫生间外,其他房间内墙贴 1.5m 高白色瓷砖,其余部分做白色乳胶漆;⑤除卫生间贴 200mm×200mm 高级防滑地砖外,其他房间贴 800mm×800mm 或 600mm×600mm 高级全瓷地面砖;⑥所有外墙立面均贴 100mm×100mm 高级全瓷方块砖;⑦屋面防水采用二级防水,耐用年限 15 年;⑧门窗:采用高级成品欧式门、塑钢窗。

(2) 水电部分。①水主管道采用 DN100,支管送到各卫生间和工作室;②电主线路采用 BV(4×70)+(1×35),支路配线为 SYV-75-5,设网络线路 RVS-2×0.5;③消防工程根据建筑设计规范进行建设。

(3) 楼梯。设日常用途上下楼梯 2 个,电梯 1 台,消防疏散楼梯 1 个。

(二)结构方案说明

1. 设计依据

(1)《建筑结构荷载规范》(GB 50009—2006)。

(2)《建筑抗震设计规范》(GB 50011—2001)2008 版。

(3)《混凝土结构设计规范》(GB 50010—2002)。

(4)《建筑地基基础设计规范》(GB 50007—2002)。

(5)《建筑桩基技术规范》(JBJ 94—2008)。

(6)《建筑地基技术规范》(DB 42/242—2003)。

(7)《砌体结构设计规范》(GB 50003—2002)。

(8)《建筑结构可靠度设计统一标准》(GB 50068—2001)2006 版。

(9)《冷轧带肋钢筋混凝土结构技术规程》(JGJ 95—2003)。

(10)《混凝土小型空心砖砌块建筑技术规程》(JGJ/T14—2004)。

(11)《地质勘探报告》。

2. 荷载说明

本工程为民用建筑,荷载根据国家现行荷载规范取值如下:

(1) 基本风压。0.30kN/m²。

(2) 基本雪压。0.40kN/m²。

(3) 楼面活荷载标准走道一般楼梯 2.5kN/m²;上人屋面 2.0kN/m²;不上人屋面 0.5kN/m²;办公室及卫生间 2.0kN/m²。

(4) 建筑面层二次装修限值卫生间≤5kN/m²;其他≤0.7kN/m²;不上人屋面≤1.5kN/m²;上人屋面≤2.35kN/m²。

(5) 砌体容重(kN/m²)小型砼空心(盲孔)砌块实心混凝土:22.0kN/m²。

3. 建筑物安全等级

(1) 建筑物安全等级。按照《建筑地基技术规范》(DB 42/242—

2003)为乙级。

(2)建筑结构的安全等级。按照《混凝土结构设计规范》(GB 50011—2002),为二级。

(3)抗震等级。按照《建筑抗震设计规范》(GB 50011—2001)2008年版,本工程项目均为丙类建筑,抗震等级三级。

4. 抗震设计

本地区抗震基本烈度为6度,不进行地震计算,按7度进行抗震设防。抗震构造按有关规范要求设计。

5. 主要材料

(1)钢筋。ΦHRB335钢筋砼用热轧带肋钢筋GB 13013(设计强度300N/mm²)ΦHPB235钢筋砼用热轧光圆钢筋GB 1499(设计强度210 N/mm²)ΦRCRB550冷轧带肋钢筋GB 13788(设计强度360N/mm²)

(2)钢板。3号钢(A3,F)。

(3)焊条。当采用普通焊接接头时,HPB235钢筋焊接用E43型焊条,HPB335钢筋焊接用E50型焊条。

(4)混凝土强度等级。构件名称;砼强度等级;柱C25;梁C25;现浇板C25;室外露天构件(天沟,雨篷等)砼C25。

(5)承重墙。框架填充墙:-4.200以下采用MU10.0级面页岩砖,M7.5级水泥砂浆砌筑;-4.200以上采用MU7.5级面页岩砖,M7.5级小型空心砌块,M7.5级混合砂浆砌筑。

(三)电气方案说明

1. 设计依据

(1)本工程采用下列规范为设计依据。

《民用建筑设计防火规范》GB 50016—2006。

《民用建筑设计电气设计规范》JGJ 16—2008。

《10KV及以下变电所设计规范》GB 50053—2015。

《低压配电设计规范》GB 50054—2011。

《民用建筑照明设计标准》GBJ 133—90。

《建筑物防雷设计规范》GB 50057—2000。

（2）建筑暖通、水道等专业提供的建筑平、立剖面图，相关资料及要求。

2. 设计范围

包括罗田县疾控中心及与之配套的供配电系统、控制系统、动力配线、照明及防雷接地等设计。

3. 用电负荷估算

罗田县疾控中心实验室 12820m²，平均每平方米按 150VA 考虑（含罗田县疾控中心业务综合楼建设项目电力、照明等）即用电量为：$Sa = 12820 \times 0.15 = 1923kVA$，取 $Kx = 0.7$，$Sj = 0.7 \times 1923 = 1346.1kVA$。本工程总的用电量估算值为（取同时系数 0.8）：$Sj = 1346.1 \times 0.8 = 1076.88kVA$。

4. 供电方案

（1）负荷等级。本工程与医疗有关的用电设备与照明、通讯、安全保卫等设施为二级负荷，其余为三级负荷。

（2）供电电源。由供电提供一路独立的 10kV 电源，在疾控中心附近设置 10kV 变电所。为了确保市电因故障停电时供电的可靠性，在变电所内设柴油发电机室配置一套应急柴油发电机组。

（3）供电方案。在 10kV 变电所内设有变压器室，高低压配电室及柴油发电机室，电源进线设置 10kV 专用计量柜及断路器柜，低压母线采用市电母线及事故母线分段的接线方式。在楼内设电气竖井间作为线路引上通道，集中电缆采用电缆架敷设，分散电缆及其他照明线路等采用穿保护管暗敷，供电方案为放射式和树干式混合供电。所有的用电均采用双电源供电，并在末级配电箱处自动切换。

5. 主要控制系统

（1）所有水泵均采用双电源供电，末端自动切换；消防用水泵均罗田县疾控中心业务综合楼建设项目采用工作泵，备用泵自动投入装置，并由消防中心控制和监视其运行状态；生活水泵由水箱及水池内的水位自动控制启、停。

（2）防排烟系统均采用双电源末端切换方式供电，由消防中心控制并

153

监视其运行状态。

6. 照明

(1)照度标准执行《民用建筑照明设计标准》。

(2)光源：以日光灯及节能灯为主，日光灯配电子镇流器。

7. 防雷

本建筑物防雷属二类防雷建筑。在建筑物屋顶设避雷带作为接闪器；利用建筑物结构主筋作引下线；利用建筑基础内钢筋作接地装置；采用综合接地方式，接地电阻不大于 4 欧姆。

8. 接地

本设计电力系统接地方式采用 TN-C-S 制。

(四)弱电设计方案

1. 设计依据

(1)甲方提出的设计要求。

(2)《城市住宅区和办公楼电话通信设施设计标准》YD/T2008—93。

(3)《民用建筑设计防火规范》GB 50045—2006。

(4)《火灾自动报警系统设计规范》GB 50166—2007。

(5)《建筑与建筑群综合布线系统工程设计规范》GB/T50311—2000罗田县疾控中心业务综合楼建设项目。

(6)国家现行设计规范及技术规程。

(7)建筑及其他专业提供的有关条件。

2. 设计范围

本设计主要包括疾控中心实验室内的通信、有线广播系统及消防紧急广播系统、火灾自动报警及消防联动控制系统。

3. 通信

(1)系统组成。本工程将疾控中心内的电话和计算机纳入综合布线系统，实现语音和数据的传输。

本楼布线系统按 D 级最高频率 100MHz 的要求设置，可满足基本的语音、数据及图像的传输的要求。

（2）系统设计。楼内办公室按每 $10m^2$ 设一个单口信息插座，其他位置按甲方要求设置。主机及主配线架设在大楼一层平面，各层设置楼层配线架。垂直干线采用超五类大对数双绞线及 6 芯多模光纤，分别传输语音和数据。水平线采用超五类 4 对 UTP。

（3）供电及接地。系统采用 AC220V、50Hz 供电。系统接地装置与大楼接地装置构成共用接地装置，其接地电阻小于 1Ω。

4．有线广播及消防紧急广播系统

（1）有线广播按其功率要求设置一套独立的功率放大设备。

（2）现场扬声器采用吸顶式，只在走道布置，火警时由消防联动控制将背景音乐广播切换成火警广播。

（3）火灾紧急广播设一套独立的广播功放设施，按失火层及其上下层应急广播要求，其功率配备按失火层及相邻防火分区同时广播所需功率配置。

（4）广播系统与火警系统留有接口。

5．火灾自动报警及消防联动控制系统

火灾自动报警及消防联动控制系统根据消防规范要求，楼内设有火灾自动报警及消防联动控制系统。

（1）系统采用分层显示集中报警方式。消防控制室设在大楼一层平面，可实现对各楼层的状态监视、自动和手动火灾报警及消防设施的联动控制。

（2）根据环境要求，设置感烟、感温探测器，手动报警按钮，以及带有地址编码控制模块接口的消防联动设施。

（3）按防火燃放分区及适当位置设置火警电话插孔和火警电话分机与消防控制中心的主机作火警专用通信通对讲主机上调协"119"调直拨电话。

（4）火灾发生时，由消防控制器使火灾及相关楼层的消防设备按程序进行自动和手动控制。

（5）设置消防广播系统。

（6）所有消防控制信号均能返回消防控制室。

（7）火灾自动报警系统的主电源为交流220V,当交流停电时,备罗田县疾控中心业务综合楼建设项目有24V直流电源,以确保消防系统的供电。

（8）火灾自动报警系统的接地装置接至大楼的接地网,构成共用接地装置,其接地电阻小于1欧姆。

（五）给排水设计方案

1. 设计范围

本设计为疾控中心实验室给排水设计。

2. 设计依据

（1）本公司有关专业提供的设计条件及资料。

（2）国家有关设计规范及标准。

《生活饮用水卫生标准》GB 135749—2006。

《建筑给水排水设计规范》GB 50015—23—003。

《综合污水排放标准》GB 8978—1996。

《医院污水排放标准》GBJ 48—83。

3. 给水设计

（1）给水源。以城市自来水为水源。

（2）给水量估算。生活给水设计秒流量250L。

（3）给水系统市政给水管网→医疗、消防水池→医疗恒压供水设施→中心各区。

4. 排水设计

（1）排水量。排水量同给水量。

（2）排水系统。室外排水采用合流系统,室内污水、废水由管道收至新建污水处理站,经处理后达标排入市政排水管网。

5. 管材选用

室内生活给水管采用给水塑料管,排水管采用排水聚氯乙烯管。

（六）消防设计

1. 设计依据

消防设计依据国家现有规范：

《中华人民共和国消防法》（中华人民共和国主席令第6号）。

《建筑设计防火规范》GB 50016—2006。

《建筑灭火器配置设计规范》GB 50140—2005。

《自动喷水灭火系统设计规范》GB 50084—2001。

2. 消防水源

以城市自来水为水源，另在中心绿地下设一个蓄水池及泵房，贮水量满足消防及生活需要。

3. 消防通道

根据疾控中心的总体规划布局，本项目与相邻建筑共用现有消防通道。

4. 消火栓给水系统设计

（1）消防用水量。室外消防用水量：80L/s；室内消防用水量：100L/s。同一时间内着火点按一处考虑，火灾延续时间为3小时。

（2）消防给水系统。市政给水网→医疗、消防水池→消火栓给水泵→消火栓。

系统采用临时高压供水系统，平时由屋面水箱稳压。消火栓系统管道横向竖向均成环状，超压部分由减压阀减压。室内消火栓间距不大于30m，消防箱内配备DN65消火栓、19mm水枪、20m长水带，并配有消防卷盘及报警按钮。消火栓系统设有4套地下消防水泵接合器。

5. 自动喷淋给水系统设计

（1）消防用水量。设计喷水强度：$6L/(min \cdot m^2)$（中危险级、Ⅰ级），火灾延续时间为1小时。

（2）自动喷淋给水系统。市政给水管网→医疗、消防水池→自动喷淋给水泵→报警阀→水流指示器→喷头。系统采用临时高压给水系统，平时由屋面水箱稳压，报警阀前设环状供水管道。自动喷淋系统设有2套地下式消防水泵接合器。

6. 管材选用

室内消防水系统均采用镀锌钢管。

(七) 无障碍设计

1. 设计依据

《城市道路和建筑物无障碍设计规范》JGJ 50—2001 罗田县疾控中心业务综合楼建设项目。

2. 设计的范围及措施

本项目的无障碍设计主要是对罗田县疾控中心内道路及建筑单体进行的无障碍设计,主要措施如下。

(1)在本项目各级道路口设置路缘石坡道,且路缘石坡道平整但不光滑。在道路两侧设置盲道,并在起点终点拐弯处设置圆点形提示盲道。

(2)各楼层单元人口设计无障碍坡道和扶手。

(叶从军　范小如　李　昶)

第三节　建设经验的推广和应用

一、特色的大楼项目介绍

疾控中心与健康管理中心融合县卫生应急指挥中心及县域医疗卫生信息化中心、健康大数据中心。实行"平战结合",平时用于公共卫生和健康管理中心,战时转为县卫生应急指挥中心和流调、检测、应急保障、卫生应急指挥人员隔离生活用房等。

二、特色科室和职能的介绍

(一) 健康信息大数据中心

以强化慢性病筛查、干预、随访管理为抓手,以乡镇、村、社区基本公共卫生服务为载体,以县域医疗中心信息化建设为依托,建立全民健康管理信息大数据中心,形成健康管理有评估、健康方式有干预、健康控制有预警的闭环管理体系。搭建疾病预防控制管理平台,加强健康数据比对和分析,提高健康管理的科学性和精准性。

（二）医防协同慢病防治管理中心

全面启动慢性疾病筛查、监测、干预、管理工作，结合我县疾病谱特征，加大高血压、糖尿病、脑卒中、心脑血管、肿瘤、肥胖与代谢性疾病、慢性呼吸系统疾病的干预管理力度，制订科学的预防控制方案；依托医防协同管理手段，加大筛查、防治、随访力度，强化干预举措，形成协同推进的长效管理模式；依托乡村振兴决策部署，打造"乡村振兴、健康先行"的慢病管理品牌，为全面推进乡村振兴提供强有力的健康保障。

（三）卫生检验检测中心

着力打造高规格、高效能的规范化县域卫生检测检验中心。将 P2 实验室、微生物实验室、理化实验室打造成为具有技术力量、技术权威的高效检测机构，成为全市一流的卫生检验检测中心，为全县疾病预防控制工作贡献力量。

（四）健康管理中心

按照医疗机构差异化发展的总体思路，进行整体谋篇布局，从健康教育、健康宣传、健康干预、健康体检着手，全面打造全生命周期的健康管理模式，重点解决好个人健康、家庭健康、社会健康、群体亚健康等现实问题；继续加大职业卫生和从业人员健康体检力度，整体推进职业病管理水平；加大医疗设备硬件投入，提升业务综合水平，确保健康体检的权威性和科学性；深入推进园区厂矿、单位群体、学校卫生健康教育科普力度，形成健康管理规范化、制度化、科学化的整体布局，到达人人懂健康、人人要健康的预期目的。

（五）青少年视力防治管理中心

深入贯彻落实习近平总书记对儿童青少年近视问题的重要指示精神和进一步推动落实《综合防控儿童青少年近视实施方案》要求，针对当前儿童青少年近视呈高发和低龄化趋势，结合开展学校卫生体检，积极开展青少年视力低下普查、筛选，形成动态管理机制；建立青少年视力保护档案和数据库，形成长期跟踪随访机制，提出一对一的防治方案，制定青少年视力低下综合预防诊疗模式；对全县眼科医生及乡镇、学校、社区医生

159

进行培训指导,培养一批具有一定眼视光技术的视力保健医务人员;建立视光培训基地,组织专家对老师、学生和家长进行爱眼护眼科普知识培训,使其了解科学用眼的基本技能,养成良好的用眼习惯,为儿童、青少年提供全方位的防治服务。

(六)口腔疾病防治管理中心

依托上级医疗机构协同力量和现有人力资源优势,通过开展学校卫生体检等优势载体,加大口腔防护宣传力度,建立口腔防护保健档案,找准着力点,从社会局部和学校团队着手,开展口腔保健和加氟防龋普查,加大儿童龋活跃性评估力度,开设口腔预防医学门诊,为幼儿及其家庭提供个性化预防保健服务。探索开展全生命周期的口腔健康管理,建立上级口腔医院专家治疗绿色通道,全面推广口腔疾病的规范化治疗工作,全面拓展和提升疾控服务能力,着力改善口腔疾病日益严峻现状,逐步减少口腔健康疾病发生。

三、宣传工作的开展

宣传工作为项目建设顺利推进提供思想保证和精神支持的重要作用。因此我们不断增强大局意识、责任意识,做好实舆论引导。

(1)坚持把党的路线、方针、政策,国家法律法规、管理制度贯穿项目建设的全过程。及时把上级对项目建设的重大决策部署、重要指示精准确地传达到广大干部群众,及时了解掌握、落实执行,形成合力。

(2)坚持原则。坚持贴近实际的原则,确保宣传报道社会责任的体现和传播。坚持贴近生活的原则,使宣传报道更加入情入理。坚持贴近群众的原则,关注项目建设涉及周边人民群众切身利益的问题,倾听群众呼声,反映群众意愿,说群众想说的话,做群众期盼的事。

(3)提高宣传报道的意识,始终把宣传报道工作摆上重要日程,建立健全宣传报道工作的领导机制,确保项目建设进度不断推进,发扬开拓创新的精神,进一步创新宣传报道的方式。

(4)激发参建单位和宣传工作人员做好宣传报道的主动性与积极性,做好要素把握,提高宣传技巧,增强宣传报道的感染力和宣传效果。

总之,围绕项目建设中心、服务大局全面准确地把握项目建设的新思路、新理念,从人民群众的根本利发,大力弘扬疾控先进文化,努力塑造疾控新形象,助推项目又快又好落地。

四、建设经验的交流与学习

为加快推进疾病预防控制体系改革步伐,进一步完善管理机制、提升业务能力,增强发展后劲,按照"早谋划、早部署、早发展"的总体思路,制订罗田县疾病预防控制"136"三年(2021—2023 年)行动计划,将中心整体谋划与项目建设高度融合,提前布局。

(一) 走出去

2 月 25 日,疾控中心中层干部及业务骨干一行 25 人赴赤壁市疾控中心参观考察学习。在参观交流会上,赤壁市中心负责人介绍了疾控工作开展情况,发展成果及工作体会,详细讲解了该中心的超前的发展规划,阐述了打造服务疾控、创新疾控、务实疾控、一流疾控、幸福疾控的先进理念。双方就疾控体系建设、人事制度改革、项目管理及业务拓展方面开展交流。赤壁市疾控中心先进的做法和经验给参加考察学习的人员很大的启发。座谈会后,参观学习人员深入赤壁市疾控中心各业务科室交流学习,互相分享工作中的新思路、新做法。一天的考察学习,县疾控中心一行都觉得开阔了视野,借鉴到了不一样的工作经验和创新思维,受益匪浅,对新时期疾控工作有了更清晰的认识,增强了信心,纷纷表示要把赤壁先进的工作经验带回去,全力推动新一年罗田县疾控中心工作上新台阶、出新水平,创造罗田疾控工作新局面。

(二) 请进来

3 月 10 日,小平科技创新团队、杭州柯来视防中心创始人陈航博士一行亲临罗田,听取了罗田县儿童青少年近视防控工作开展情况、青少年视力防治中心建设前期准备工作的汇报后,指出我们要从提高防控技术能力为宗旨,创建规范的罗田县青少年视力防控中心,为罗田青少年健康提供良好的服务。在建设现场,陈博士就罗田县青少年视力防治中心的建设方向、科室设置、业务开展等方面提出了指导意见。

3月11日,省疾控中心史廷明处长、卫生检测检验专家沈更新、霍细香教授一行专程来罗田,指导整体搬迁项目的实验室建设工作。在座谈会上,专家团听取了县疾控中心实验室建设规划及设置情况汇报后,与中心班子成员和检验专业工作人员就实验室总体布局、区域设置、工作流程、生物安全等方面进行深入交流。座谈会后,专家团成员深入新建项目实验楼施工现场,对罗田县疾控中心实验室区域设置、样品接收、微生物与理化实验室人流和物流、设备摆放、通风及气体处理排放、废水处理规范要求等进行详细指导,并就实验室装修方案提出了具体的建议和要求,为我县疾控中心实验室规范化建设提供重要技术支持。

3月12日,中南医院程向群教授一行实地察看了正在装修阶段的县疾控中心健康管理中心,就健康管理中心科室设置、体检流程、安全规范提出了具体意见,并对罗田县健康管理工作的开展、业务需求、设备要求、技术规范、发展理念等方面提出诸多建议。

3月20日,武钢职工医院的专家来县疾控中心调研指导工作。

在县委委员、副县长王成超,县人大常委会副主任何晓艳的陪同下,武钢职工医院的专家参观了正在建设的县疾控中心大楼,对科室设置、业务开展等方面提出了指导意见。

为加快推进疾病预防控制体系改革,进一步完善管理机制,提升业务能力,提高专业技术水平,县疾控中心一方面加快县疾控中心项目建设,另一方面积极与湖北省疾控中心、省内外相关科研机构和医院寻求合作,征求专家意见和建议,为打造一流县级疾控中心打下坚实基础。

(三)谋发展

开展大讨论,积极谋划疾控中心新年工作和发展规划。

解放思想无止境,改革创新不停歇。3月1日下午罗田县疾控中心召开以"解放思想、改革创新、奋发有为"为主题的研讨会,县卫生健康局党组成员、疾控中心主任叶从军主持会议,中心班子成员、中层干部、业务骨干30余人参加。会上,叶从军主任深刻阐述了开展大讨论活动的重要意义,全面分析了罗田疾控在思想观念、服务能力、创新意识、党的建设、内部管理、项目建设、人才队伍建设等工作中存在的问题和差距,要求中心全体干部职工迅速进入状态，掀起大讨论的热潮，推动思想再解放，形成改革创新、加快发展的浓厚氛围，为在中心现有业务基础上全面拓展新的工作局面凝聚磅礴力量、提供坚强保证；提出要全力抓好履职尽责、业务大发展、搬迁后建设、即将开展的新业务等关键工作，自我加压、自抬标杆、找准问题、明确路径，解放思想、改革创新，为全力推进罗田疾控事业争创一流疾控，跨入全国县级疾控机构先进行列努力奋斗。讨论现场气氛热烈，中心干部和业务骨干对照"大讨论"的要求踊跃发言，畅谈参观体会，结合工作实际，针对当前存在的专业技术人员紧缺、人才引进困难、经费保障不足、激励机制不活、疾控文化等问题提出建议，对标一流疾控剖析问题，提出改进思路与创新举措，为中心建设和发展建言献策。

（叶从军　范小如　李　昶）

第十二章 黄冈市蕲春县
疾控中心大楼

第一节 大楼的基本概况

一、建筑特征

蕲春县疾控中心整体迁建项目,项目占地面积 35 亩,总建筑面积 27200m²。项目选址位于蕲春县漕河镇中轴线南侧漕河一路延伸线与横支三路、纵支一路交汇处。蕲春县位于湖北省东南部,大别山南麓,长江中游北岸,隶属黄冈市,为武汉城市圈重要组成部分,是著名"教授县",以人才辈出著称。面积 2397.6km²,总人口 110 万人。南临长江"黄金水道",处于京九铁路中段、鄂皖两省交汇处,东连安徽,南与江西隔江相望。项目所在地在县城城南开发区内,距京九铁路蕲春站 5km、武杭高铁蕲春南站约 2km,G50 沪蓉高速公路 15km,G70 福银高速公路 15km 左右,S29 麻武高速 10km 以内,S78 蕲嘉(蕲太)高速在 5km 以内,长江黄金水道 15km。公路、铁路、航运条件极为便利。

二、规划设计效果展示

(一)全面设计效果图展示

项目规划净用地面积 23369.85m²,规划总建筑面积 27200m²,其中地上计容建筑面积 23360m²,地下室建筑面积 3840m²。地上部分包括综合业务大楼 14000m²，体检中心 3200m²，检验中心 5500m²，交通连廊 600m²，门卫房 60m²。地下包括人防建筑面积 1200m²，机动车停车位 88 个。项目配置五大功能中心：公共卫生应急指挥中心、疾控中心、病原微生物检验检测中心、公共卫生应急培训中心、健康管理中心，其中公共卫生应急指挥中心、疾控中心、公共卫生应急培训中心设置在 11 层综合大楼内，病原微生物检验检测中心单独设置 1 幢 5 层楼，健康管理中心单独设置 1 幢 3 层楼。3 幢楼房间用 3 层交通连廊连接，方便业务工作的开展（彩图 18）。

（二）平面设计效果展示

本项目建筑严格按照功能分区明确合理，洁污路线清晰。平面布局紧凑；在总体布局上应将疾控中心用地划分为几个相对于独立的区域，行政办公区、科研实验区和服务保障区，各区域设有单独出入口，便于独立分区管理；也可以把整个区域划分为洁净区和污染区。各功能分区明确不相互交叉，便于区域安全管理和控制。交通路线流畅短捷：交通组织的基本原则就是要处理好人流、物流与车流这三者之间的关系，做到人车分流、洁污分流，使各种交通各行其道，互不干扰。实验室所处的区位良好，交通便利。使区内各种道路顺畅，突出标示和导向性，与外围干路转换便捷自然，充分体现"人车分离、人物分离、洁污分离、避免交叉"及无障碍设计，独自的空间，使动静分区，洁污分区的交通流线处理上，考虑外来人员，实验室人员及后勤服务等几部分，使不同的使用者与物品，车辆分流，路线简捷流畅，清洁与污物输送流线不交叉，实验流程合理。建筑风格：与现有院区建筑风格相协调，力求素雅柔和，简朴大方，亲切而具有中医院特色。强调独创性，精心处理建筑细部，使用方便，体现自然人文理念。项目建成后需运行正常、环境整洁、安静舒适、优美、使人得到安慰感、信任感（图 12-1）。

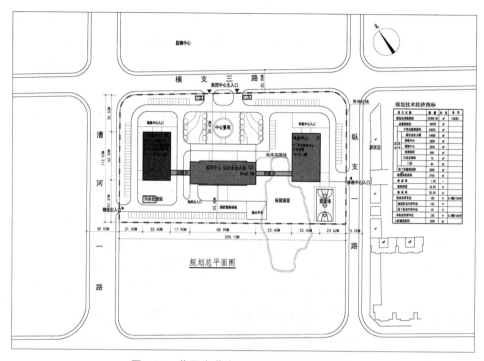

图 12-1　黄冈市蕲春县疾控中心规划平面图

（陈俊新　谢来球）

第二节　设计思想和理念

一、新发展理念在大楼设计中的体现

自抗击新冠肺炎疫情斗争开展以来,全省疾病预防控制和传染病救治机构在预防疫情传播和救治病人等方面发挥了十分重要的作用。随着新发传染病的不断发生,工业化、城市化、老龄化的进程加快,危害人类健康的危险因素越来越复杂,加之疾病谱的渐进变化,人类健康观念的不断更新,健康需求的逐渐多元化,使疾病预防控制体制面临巨大的挑战,也凸显出我县疾控机构快速应对能力的不足,暴露出体系不健全、机构建设薄弱、业务能力差等一些亟待解决的问题。通过县疾控中心的建设,正好弥补此缺憾。并结合我县当前的技术优势,必将蕲春县疾控中心打造成黄冈市领先、全省一流的县级疾病预防控制机构,与此同时也提高我县疾病预防控制能力。在抗击新型冠状病毒感染的肺炎阻击战中,蕲春县疾控中心承担了大量的疫情信息综合处理、流行病学调查、疫点疫区及重点部位、场所消杀,病毒核酸采样及送检、健康教育与心理救援、风险评估与疫情分析、综合督导指导与能力培训等一系列工作,起到了关键的作用。但卫生检验生物安全实验室在防控工作中也暴露出安全防护不足、房屋结构及分区不合理之处,原设置的生物安全标准已经落后,这对我县的疾控防疫工作提出了新要求。近年来,虽然蕲春县在建设方面做了一些工作,但由于投入少,全县疾病预防控制和传染病救治机构建设仍然十分薄弱,主要是装备落后、网络不健全、防治能力比较薄弱等,一旦发生大规模传染性疾病和重大突发公共卫生事件将难以紧急应对。因此,蕲春县急需建设一座安全防护二级实验室或更高防护级别的实验室,对人和环境有中等潜在危害的微生物安全防护,二级实验室适用于主要通过呼吸道途径使人传染上严重甚至是致死的致病微生物及其毒素,为进一步做好新冠肺炎防控工作,进一步提升县疾控中心检验检测水平。

167

二、公共卫生建设体系在大楼设计中的体现

此次疫情防控也暴露出,蕲春县重大疫情防控救治仍然存在不少能力短板和体制机制问题。随着国际疫情快速扩散蔓延,未来一段时间,我国仍将面临较为严峻的国内外疫情风险挑战。全面做好公共卫生特别是重大疫情防控救治的补短板、堵漏洞、强弱项工作,加强公立医疗卫生机构建设,已经成为当前保障人民群众生命安全和身体健康、促进经济社会平稳发展、维护国家公共卫生安全的一项紧迫任务。为全面贯彻习近平总书记系列重要指示批示精神,落实党中央、国务院决策部署,聚焦新冠肺炎疫情暴露的公共卫生特别是重大疫情防控救治能力短板,调整优化医疗资源布局,提高平战结合能力,强化中西医结合,集中力量加强能力建设,尽快补齐短板弱项,切实提高我国重大疫情防控救治能力,2020 年5 月9 日国家发展改革委、国家卫生健康委及国家中医药局联合发布了发改社会〔2020〕735 号《关于印发公共卫生防控救治能力建设方案的通

知》，该文对公共卫生防控救治能力建设方案提出了新的要求。新的建设任务其中一条为疾病预防控制体系现代化建设，其建设目标为：全面改善疾控机构设施设备条件，实现每省至少有一个达到生物安全三级（P3）水平的实验室，每个地级市至少有一个达到生物安全二级（P2）水平的实验室，具备传染病病原体、健康危害因素和国家卫生标准实施所需的检验检测能力。按照国家部署和要求，依据行政区划，省、市、县（市、区）都要建立健全疾病预防控制机构，在乡镇卫生院内设立防保站，在村卫生室设立监督检查员；各级疾控机构实验室及信息系统设备装备和检验条件全面达到国家基本标准要求；各级疾控队伍基本适应当地服务人口需要；努力形成符合我省实际、规模适度、布局合理、功能齐全、精干高效的疾控网络体系。使各级疾病预防控制机构能够切实担负起《传染病防治法》和《突发公共卫生事件应急条例》赋予的各项任务，提高日常公共卫生保障水平和突发事件应急反应能力。该项目的建设有利于提高对危害人民健康的重大疾病的预防控制和对暴发疫情、中毒及生物化学危害等突发公共卫生事件的处理和反应能力，提高公共卫生服务质量与效率，保护人民健康，维护社会稳定，促进经济发展，从而整体提升全县疾病预防控制水平。

三、具有蕲春特色的元素在大楼设计中的体现

蕲春县为李时珍故里，具有十分深厚的文化基础。蕲春县实施"药旅联动"发展战略，主攻"五大板块"，推进健康产业深度融合，做长中医药全产业链，打造千亿健康产业，建成生态养生城，做强"李时珍"品牌，建设国家中医药健康旅游示范区。蕲春县疾控中心项目建设总体为"一主两翼"三幢楼，主楼为公共卫生应急指挥、急（慢）性传染病防治、慢性非传染性疾病防治、地方病与寄生虫病防治、免疫预防、健康危害因素监测与干预（环境、职业、放射、食品营养、学校卫生等）、健康教育与促进、公共卫生事件应急、科研与质量管理、医学教育、图书与信息、学术交流等用房，左翼为微生物检验检测中心为全县人民健康提供科学数据，右翼为健康管理中心为全县人民提供健康检查服务。

四、理念在实践中的落实情况

蕲春县疾控中心大楼的功能配置,结合地块实际,后方预留 42m 的发展用地。三幢建筑实体分而不离,相互连接。总体设计建筑风格注重实用经济美观原则,采用现代简约风格,运用虚实对比,体块穿插,形体空间关系丰富。选用浅色铝板为整体方案的主色调,立面开窗局部变化,形式统一,富有韵律,强调建筑的体量感、厚重感。

(陈俊新　谢来球)

第三节　设计案例的专业评估

一、建筑学评估结果

169

本项目建设符合蕲春县城市规划要求,符合土地利用的合理性,容积率及绿化率均满足规划要求,功能配套设施合理,其项目建设用地布局及设计均满足建设规范要求及城市技术规范要求,本项目为整体迁建项目,用地性质符合既有土地性质的要求,设计选型按照国家节能减排要求进行,符合国家倡导的节能大方向,土地利用及方案设计等均合理。本项目的修建将推动公共医疗卫生事业的科学全面发展,促进社会和谐稳定,有利于提高周边居民生活质量。有利于提升基础设施等级,提高土地价值,带动周边土地的增值,对地区基础设施、社会服务容量和城市化进程产生有利的影响。项目将会为周边人群带来有利于的社会环境及就业条件,本项目的修建将推动公共医疗卫生事业全面发展,促进社会和谐稳定,因此会得到居民的一致拥护。

二、卫生学评估结果

蕲春县疾控中心整体迁建项目是根据国家和省关于疾病预防控制和传染病救治体系建设的要求,改革完善疾病预防控制体系,补齐设施设备短板,提高突发公共卫生事件应急处置能力。县委十五届十一次全会指出，要织密公共卫生防护网，完善疾病控制工作机制、补齐设施设备短板、深化医防协同一体化建设，改革完善疾病预防控制体系。项目建成后，会加快推进蕲春县疾控体系现代化建设，将有力发挥提升硬件水平、改善功能布局、强化能力建设的作用，进一步提高全县公共卫生应急响应、安全保障、健康服务、科学研究、循证决策和科研转化、教育培训能力。

（陈俊新　谢来球）

第十三章 黄冈市浠水县疾控中心整体搬迁建设项目建筑与设计

第一节 基本概况

一、建筑特征

本项目建设地点位于北城新区的西北部,月水路以北,听波路以西,紧邻浠水妇幼保健院。本项目规划用地面积 19603.98m²,其中建设用地面积 16666.67m²,街头绿地面积 1193.31m²,道路用地面积 1744.0m²。规划总建筑面积 26963.12m²,其中地上(计容)建筑面积 20464.31m²,地下室建筑面积 6498.81m²。建筑占地面积 3875.95m²,建筑密度 23.26%,容积率 1.23。

本次建设范围为一期业务大楼、P2 实验楼、食堂及保障用房、门卫房、配电房和医疗废物集中用房。总建筑面积 10719.23m²,其中地上(计容)建筑面积 10108.50m²,地下室建筑面积 610.73m²。建筑占地面积 2793.70m²。

项目用地内现状局部存在一定的高差,整体场地较为平整,易于建设开发。

二、规划设计效果展示

(一)全面设计效果图展示

见彩图 19、彩图 20。

(二)主要建筑指标

见表 13-1。

表 13-1　主要建筑指标

项目		计量单位	数值	备注
	规划用地面积	m²	19603.98	
其中	建设用地面积	m²	16666.67	
	街头绿地面积	m²	1193.31	
	道路用地面积	m²	1744.00	
	总建筑面积	m²	26963.12	
	地上总建筑面积	m²	20464.31	计容积率建筑面积
其中	一期 业务大楼建筑面积	m²	5628.16	
	P2 实验室建筑面积	m²	2897.64	
	食堂及保障用房建筑面积	m²	1372.85	
	门卫室建筑面积	m²	12.00	
	配电房建筑面积	m²	157.85	
	医疗废物集中用房建筑面积	m²	40.00	
	二期 综合楼建筑面积	m²	10355.81	
	地下室总建筑面积	m²	6498.81	不计容积率建筑面积
其中	一期 地下室建筑面积	m²	610.73	
	二期 地下室建筑面积	m²	5888.08	
	建筑占地面积	m²	3875.95	
	容积率		1.23	
	建筑密度	%	23.26	
	绿地率	%	35.46	
	机动车停车位	辆	250	
其中	地上停车位	辆	60	
	地下停车位	辆	190	

（高永明）

第二节　设计思想和理念

一、设计思想

浠水县位于大别山南麓,湖北东部,长江中游北岸,隶属黄冈市,处在九江、黄石、武汉的长江开放开发区内。为了改革完善疾病预防控制体系,大力提升公共卫生应急响应和疫情救治能力,完善应急指挥机制,优化应急响应机制,健全疫情救治体系。在建筑总体布局,平面与竖向布置上,明确功能分区,合理利用土地,做到科学布局,规模适宜,适度超前,以满足疾控中心的使用需求。设计流畅而经济实用的道路系统,辅以园林景观式的处理,增添趣味。

二、设计理念

注重功能、以人为本、绿色环保。

(1)浠水县疾控中心主要承担全县的疾病预防与控制、突发公共卫生事件应急处置、疫情报告及健康相关因素信息管理、健康危害因素监测与干预、实验室检测分析与评价、健康教育与健康促进、技术管理与应用研究指导等职责。设计需根据其使用功能,充分利用现有基础设施进行建设,以节约资金,缩短建设周期。

(2)为保证医护人员工作的高效、高质,设计中以树立和谐健康的理念,力图创造端庄、亲切的功能环境。

(3)注意环境保护,对影响环境的废水、废物、噪声等进行有效处理,着重进行污水的处理,实现雨污分流。

三、设计概况

(一)总平面布局

项目场地块位于北城新区的西北部,月水路与听波路交会处,紧邻浠

173

水妇幼保健院,东侧地块为正在开发建设的润达美墅和万景楚街,距离北城新区市民之家直线距离约 1.2km,距离浠水河约 2.5km,距离浠水老城区约 3.5km。区位优越、交通便捷。

根据疾控中心的功能特点,对总平面进行合理功能划分,尽量减少各流线之间的交叉,以保证日常疾控工作的正常进行,并满足疫情期间的使用需求。为统筹安排各类用房,整体分为了 3 个区:办公区、实验区和后勤区。

办公区:位于东侧的业务大楼主要由办公、体检及疫苗接种等功能组成。

试验区:西侧 P2 实验楼主要以实验为主,辅以培训及疫苗储存等功能。

后勤区:位于场地东北侧,位置相对独立,且与业务大楼连接。主要以食堂、仓储为主,并配以相应的设备用房。

(二) 绿化设计

在保留原有地貌的前提下,以植物造景为主,创造一个安静优雅的园林环境,步道宽度和坡度充分体现人性化,方便人们的行走。

视觉愉悦原则:植物合理配置体现出"时景美"。线型流畅低矮的植物色带,调节情绪、振奋精神,因此植物的形态、质感、季节变化和色彩多样化相对重要。平面绿化与立体绿化相结合,力求做到植物高低错落,疏密有致,四季有景,三季有花,简洁大方,不落俗套。

空间多样性原则:为提供不同类型的空间、不同的活动场所、不同的私密度,既有群体活动场所,又能有让人独处的空间。

利用乔灌木组织空间的功能,巧妙的开辟静谧、优美的大小绿地空间。以草坪为基调,以豆瓣黄杨、红花檵木、龟甲冬青、金叶女贞等组成植物模纹,间植疏密相间的三角枫、白玉兰、鸡爪槭、棕榈、紫薇等观赏树作为点缀,创造出植物的层次,形成简洁、活泼、明快的景观效果。可以选择一些适宜的树木花卉,采用乔木、灌木、花卉、草坪有机组合,充分利用绿地,增加绿化植物的层次,使景观更趋于生动自然,更好的降低噪声、阻滞灰尘、分隔空间。

（三）交通组织

严格控制流线，从出入口、院内流线、建筑内流线均做到避免流线的交叉。

外来接种及体检人员：在月水路设置人行出入口，方便人员直接进入建筑大厅，避免人流堵塞。利用建筑大空间门厅采用"发散式"人流组织的形式，均匀地分散人流。沿月水路侧设置临时停车位，方便开车来的人员可以直接到达。

工作人员：工作人员由院内到达各建筑内，与外来人员实现分流。

物流线路：供应车辆定期定时定路线工作，由车行出入口进入，在院区北部后勤保障楼处进行装卸。

消防线路：应急作业时，消防通道环绕建筑物设置，消防道路环通整个院区，建筑周边设置消防登高场地。

院区内主要车行道路：道路宽度为6m。

景观步道：道路宽度为1.5～2.0m不等。

（四）停车设计

结合规划地块现有地形，一期停车方式主要采取地面停车，二期停车方式主要采取地下停车，地面保留部分车位。地面停车位集中设计，以方便为原则，与景观环境结合，把停车位隐藏与环境之中，保证内部环境的完整性及静谧性。

（五）消防设计

利用整体规划道路网，在各区域内形成顺畅的消防环线。区域内消防车道贯通，符合消防车的道路畅通要求，而且能方便到达每一幢建筑物。区域内凡位于消防通道上的铺地和广场，均按消防车的荷载设计，表面按景观设计的要求铺植草砖或地砖，应急时，消防车可以畅通无阻。

（六）单体设计

作为大体量的业务大楼设置在临近月水路、主要人行出入口处，方便外来人员进出。同时可很好的展示疾控中心的形象，也为城市面貌增添色彩。

P2 实验楼位于业务大楼西侧，东侧设置出入口作为联系业务大楼的交通通道，主入口设置在东侧连廊下部，和业务大楼紧密相连。

食堂及保障用房紧邻业务大楼体检科，同时满足体检人员及工作人员用餐需求。

二期规划综合楼以应急指挥和临时隔离为主，位于场地北侧，现阶段为绿化用地，为工作人员留出了休憩用地。

四、结语

本项目在充分体现功能需求的同时，力求创造一栋提升相邻区域的整体空间形象的现代化建筑。规划中尽量使形态舒展，利用建筑形态与区域环境进行交流，成为城市中一个独特的个体，使得建筑本体有良好的城市观瞻面。主楼形态舒展，造型设计简洁、直观，建筑造型与使用功能紧密结合，尽量体现舒展、大气、清爽的建筑风格，以符合现代高效、便捷的特点。

（高永明）